立人天地

怎么做，才能读懂孩子的心

—— Читаем мысли наших детей ——

［俄罗斯］娜塔莉亚·察连科 著
张艳辉 译

黑龙江出版集团
黑龙江教育出版社

版权登记号：08-2017-087

图书在版编目（CIP）数据

怎么做，才能读懂孩子的心 /（俄罗斯）娜塔莉亚·察连科著；张艳辉译． — 哈尔滨：黑龙江教育出版社，2017.6
ISBN 978-7-5316-9304-8

Ⅰ.①怎… Ⅱ.①娜… ②张… Ⅲ.①儿童心理学②儿童教育—家庭教育Ⅳ.① B844.1 ② G782

中国版本图书馆 CIP 数据核字（2017）第 152121 号

Читаем мысли наших детей по рисункам, снам, страхам, играм...
© Phoenix Publishing House
The simplified Chinese translation rights arranged through Rightol Media
Chinese simplified translation © 2017 by Heilongjiang Educational Press Co. Ltd.
ALL RIGHTS RESERVED

怎么做，才能读懂孩子的心
ZENME ZUO, CAINENG DUDONG HAIZI DE XIN

作　　者	［俄罗斯］娜塔莉亚·察连科　著
译　　者	张艳辉　译
选题策划	王春晨
责任编辑	王海燕
装帧设计	Amber Design 琥珀视觉
责任校对	张爱华

出版发行	黑龙江教育出版社（哈尔滨市南岗区花园街 158 号）
印　　刷	北京鹏润伟业印刷有限公司
新浪微博	http://weibo.com/longjiaoshe
公众微信	heilongjiangjiaoyu
天 猫 店	https://hljjycbsts.tmall.com
E-mail	heilongjiangjiaoyu@126.com
电　　话	010—64187564

开　　本	700×1000　1/16
印　　张	13.25
字　　数	117 千
版　　次	2017 年 8 月第 1 版　2017 年 8 月第 1 次印刷
书　　号	ISBN 978-7-5316-9304-8
定　　价	32.00 元

怎么做，才能读懂孩子的心

目录

Читаем мысли наших детей

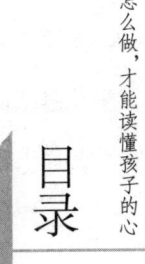

1／第一章　孩子绘画的秘密

铅笔和纸张可以告诉我们什么　　　　　　　　　　3
帮助我们了解孩子的心理测试　　　　　　　　　　15

63／第二章　孩子恐惧的秘密

我们的孩子害怕什么　　　　　　　　　　　　　　68
孩子如何战胜恐惧　　　　　　　　　　　　　　　97

103／第三章　为什么孩子会哭

下一个哭泣的原因——身体不适　　　　　　　　109

因饥饿而哭是孩子最为常见的哭泣理由　　110
身体疲劳和情绪超载而引起的哭泣　　111
孩子感到疼痛或者生病　　111
乱发脾气　　112
童年的悲剧　　113

115／第四章　我们的孩子在玩什么

对男孩有害的游戏　　120
对女孩危险的游戏　　124

127／第五章　孩子的梦可以告诉我们什么

如何用精神分析的理论来分析梦　　132
如何解梦　　137
梦告诉我们什么　　141

153／第六章　潜在的因素

目光　　157
姿势　　159

手势	163
走路的姿势	167
睡觉时身体的位置	168
面部表情	170
语音特征	172
笑声	174
说错的话	174

177／第七章　身心疾病——童年的定时炸弹

支气管哮喘	183
高血压	184
十二指肠溃疡	184
溃疡性结肠炎	186
风湿性关节炎	187
神经性皮炎	188
心肌梗死	189
糖尿病	190
神经性咳嗽	191
神经性呕吐	192
头痛	192

饮食失调	193
厌食症	194
暴食症	196

后记   198
参考文献   199

第一章
孩子绘画的秘密

Читаем мысли наших детей

怎么做，才能读懂孩子的心

对于任何一个孩子来说，家是他们的小世界，家对他们来说是最重要的；而所有的亲人对他们而言是非常重要的"星级人物"，因此观察孩子如何画自己的家庭，可以深入地、仔细地观察他们的内心世界。

铅笔和纸张可以告诉我们什么

父母或教育者都非常喜欢孩子的绘画作品，尤其是可以表现出孩子的创造力和想象力的绘画作品。

这时父母或教育者都喜欢用一系列的、通俗的心理学理论研究孩子，也要面对每一个挑战：为什么孩子画的太阳是绿色的？为什么孩子画的爸爸那么矮小？这些概念和疑惑，如同艺术家要研究的作品的结构和题材一样。

经常有父母去咨询心理工作者："如果我的儿子画画只用黑颜色，他会不会有抑郁症呀？""为什么我女儿只画花和植物呢，她从来不画人，她难道有孤独症吗？"

爸爸妈妈通常都喜欢乖巧的孩子或获得各种荣誉的孩子，所以他们观察优秀的孩子，认真研究专家的理论，用专业的心理学测试理论和方法来解读孩子的绘画作品，从而得出结论：红色意味着爱和热情；认真分析孩子的绘画中为何缺少小妹妹。

为了减轻父母的负担，为了不让父母被系统的、专业的心理学知识"难倒"，我们尝试着将专家们系统的、与孩子绘画相关的心理学理论简化，在本书中加以"解密"。

因此，孩子的绘画能告诉我们什么呢？我们知道这些秘密，就可以帮助孩子发展。

绘画作品不仅是聪明和记忆的体现，更多的是无意识活动与有意识活动共同作用的结果。无论是成年人，还是孩子都会在绘画纸上反映自己的心情，画出自己的情绪，因此绘画——这是故事，这是有关作者的情绪和兴趣的真实故事。这些故事讲述不同的人或事情，通过用这些故事来表达自己对这些人或事情的看法，并以此来证明自己的存在。

有时动物对孩子的影响非常大，因此在孩子的绘画作品中经常会出现熊、鸟、昆虫等，除此之外还会有一些孩子自己创造的个性化的动物。

在孩子心目中占有重要位置的人一定会出现在孩子的作品中，而且孩子一定会用鲜艳的色彩来画这些人物，并把他们画在中心位置。

如果孩子"忘记"将家庭中某位成员画出来，或者画出来了，但孩子将他画得很小，不鲜明，而且线条单调，画在图画纸的边缘位置，这表明孩子与他的关系存在着问题。

我们接着思考孩子的绘画作品，如果孩子无法创造出自己所设想的形象，表明孩子感觉自己是被周围人所排斥的。

如果孩子在画画过程中不断地修改画面，或者全部擦掉，并说"不能是这样的"，这是孩子焦虑、情绪波动、不自信的信号。

在这种情况下，为了清晰地读懂孩子的绘画作品，我们应该请教心理学家，而不是仅仅依靠猜测。

孩子在自己的绘画作品中除了画人物外，还有一些有意义的内容，这些都给孩子留下了深刻印象。这样在潜意识里，孩子会"研究"自己平时在亲人心中的形象，或者评价从他们那里获得的经验。分析孩子作品中的细节，我们可以发现孩子眼中的大自然，孩子眼中自己的家，还有孩子自己的事情。孩子眼中的这一切，有好，有坏，而孩子眼中的一切都因父母的不注意而产生。因为年龄的原因，孩子无法"真实地"讲出自己的问题与恐惧，孩子无法清楚地、简练地"说明"这些，甚至孩子有时无法清晰地意识到这些，于是他们用笔画出来——这是孩子力所能及的事，也是他们唯一可以做的事，因此父母要特别关注孩子的绘画。

父母要特别关注自己孩子的绘画作品。

从孩子们的作品中我们还能"看出"什么呢？

根据著名的儿童绘画研究专家和很多研究者的研究结果，从孩子绘画作品中可以得出以下结论：

- 孩子的恐惧；
- 孩子的抑郁倾向；
- 孩子性格方面的慌张和潜意识中的恐慌；
- 孩子性格上的好动、变化无常或者不活泼、倔强；
- 孩子在复杂情况下，尤其是紧张情况下的特殊行为、特殊反应（如孩子在受到侵犯时，试图将自己封闭起来）；
- 孩子的暴力倾向和暴力形式（肢体暴力和语言暴力），自我保护和神经质；
- 孩子的冲动性格；
- 性格外向（孩子渴望主动认识周围的世界）或性格内向（主动控制认识外部世界的方向性）；
- 孩子绘画的秘密（绘画者的年龄、智力发展水平）；
- 孩子的积极性和消极性；
- 孩子规划自己行为能力和自我检查的能力；
- 孩子针对实际情况产生的合理的情感方面的见解；
- 孩子现有的暴力倾向；

- 孩子对性的理解和分析；
- 孩子与家庭成员的关系；
- 孩子对人际交往的需要或逃避人际交往的程度；
- 孩子的社会化程度（人际交往能力）和适应不同人群、不同环境的能力；
- 孩子现有的反社会倾向（在个人要求与社会标准发生冲突时采取的过激行为）。

为了充分了解不同孩子之间存在的细微差别，我们应学会分析和创造性地观察，合理地解释孩子的心理特点。当然，除此之外，还包括专业性的学习和经验。虽然有时成年人对孩子的注意力和好感值得关注，但你应该和我们一起观察、一起学习以下内容。

在这种情况下，仔细分析一幅孩子的绘画作品非常重要，并且我们要从观察孩子画画的行为中，判断其心理活动，与他的其他画作一起加以比较，了解他的心理状况和家庭状况。

我们来读孩子的绘画作品

绘画作品是有关孩子各方面信息的重要载体。孩子的情绪、性格特征、日常生活中存在的问题，都会从他们的绘画作品中直接

怎么做，才能读懂孩子的心

地、真实地反映出来。他们的绘画作品会告诉你孩子的内心世界、生活乐趣和生活中的苦恼。

为了正确地阅读孩子的这些信息，我们应该观察什么呢？

主要的判断标准之一是孩子绘画中的色彩模式。大量对孩子绘画作品的色彩的解释或多或少基于有关颜色与情绪的研究，即心理状态与颜色的关系。

在解释孩子的绘画作品时，不能仅仅关注各种定义、规则等，却忽略了孩子生活的真实情感。这是非常重要的一点，需要家长们予以重视。

观察和分析孩子绘画作品中的色彩，我们要注意以下几点：

- 在画画时，孩子是否因缺乏足够的选择，偶尔出现一些行为，如因为铅笔盒里缺少多种彩色铅笔，所以使用了黑色或者灰色的铅笔；
- 一般来说，个性强的孩子有多种可选择的颜色。你的孩子经常使用哪些颜色来画画？他是如何搭配颜色的？

这样，你可以相信，孩子在绘画中选择颜色存在不确定性，分析和研究孩子的绘画作品还应考虑他们内在的心理基础和情感基础。

这里有些细节需要提醒你：按照 А.Л.维戈勒①的理论，孩子在绘画作品中经常大量使用黑棕色、灰色和黑色，表明他可能有抑郁情绪。在自己的作品中孩子大量使用了红色，表明孩子此时特别易惊慌、易激动。如果一个孩子在画画时经常大量使用红色，表明孩子因经历着较大的冲突而神经衰弱，或者有抑郁倾向。

绘画作品中冷色调与暖色调的比例告诉我们什么

在绘画作品中，作者过多地使用了深绿色、深蓝色、紫色，这表明作者的情绪较低沉，他的敏感度很高。如果作者画画时几乎都采用这样的色彩，表明作者的敏感性非常高，或者他的性格有些魔鬼般的焦虑。

- 如果孩子在画画时使用的颜色较少，是否会与他的调色盘中的颜色较少有关呢？如果提供给孩子的颜色较少，他可能会表现出疲劳、无力甚至忧虑，这时就不能仅仅根据一张图画的色彩和构图来对他的心理特点做出判断，而应根据孩子的一组作品来对他的精神、情绪做出合理的判断和解释。
- 孩子绘画作品中各种人物的颜色会告诉我们什么呢？通常

---

① А.Л.维戈勒：儿童心理学家，心理学博士。——译者注

情况下孩子会用什么颜色来画自己的家庭成员或亲属呢？

为了准确地评价孩子的情绪，应对孩子在不同时间内所画的不同作品进行比较和分析。例如，孩子是在最近一段时间才使用这种颜色，还是一直在使用这种颜色？

- 分析和判断孩子的情绪的另外一个指标是孩子用笔的力度。这是判断孩子紧张度的指标之一。

如果孩子在画画时用笔的力度较弱、下笔比较迟疑（用笔不连续），这表明他比较胆怯，做事比较被动，身体比较虚弱（疲惫的心理比较重）。

如果在画画过程中，孩子不断地擦除线条，不断地修复轮廓，表明他情绪不稳定。如果孩子在画画时开始用笔很轻，但突然间加大用笔力度，表明他在成年人的管制下，想要控制自己的情绪，想方设法地要掩盖自己的惊慌。

如果孩子的绘画作品的画面上布满了黑色的粗线条，表明他感情充沛，但比较容易激动，也比较容易冲动。

如果孩子全部用铅笔完成自己的绘画作品，并且是布满整张图画纸，这是因为他情绪中充满了冲突和攻击性的信号，或者是因为他在画画时过于兴奋。

孩子绘画作品的尺寸同样也告诉我们很多非常重要的信息。

一般而言，孩子绘画作品中的人物或物体应占 A4 纸的 2/3。如果孩子绘画作品中的人物或物体过于高大，占满整张图画纸，或者超过图画纸的边缘（有时孩子为了画满整张图画纸，会不断地增加内容，或者画一个大大的人或物体），这表明孩子希望将自己情绪方面的意愿传递得更远。这种作品的作者多是容易冲动和多动的孩子。

除此之外，孩子绘画作品的"足够的宽度"也可以分析孩子的想法、情绪和画画时孩子的精神状态，他希望展示自己的所有能力，以此来证明——"我的存在"，孩子绘画作品过宽完全可以证明这一点。但是过大、过宽的作品似乎支撑点不稳，这表明孩子性格具有不稳定性。

如果孩子在绘画时经常使用的图画纸尺寸较小，表明孩子的自信心比较低，孩子的自我评价也比较低，或者有轻微的抑郁倾向。

如果孩子画画使用的图画纸的尺寸不一，没有固定的习惯，表明孩子比较容易激动，性格不稳定。

孩子画的东西在整张图画纸中的位置可以传递很多信息。如果孩子将东西全部画在图画纸的上方，表明他具有较强的自我意识（或者有希望"在空中自由地飞翔"的幻想）。如果孩子将东西

画在整张图画纸的下方，尤其是使用的图画纸尺寸比较小时，这表明他非常不自信，他感觉自己不被尊重、不被需要、被放弃了，他对自我的评价较低，如果仔细观察孩子的行为，不难发现这些孩子多采用逞强的行为来掩盖内心深处的真实想法，他希望被关注、被关心。如果你还记得卡尔森绘制的《孤独的小公鸡》[①]，这部作品中的角色已经证明了这个问题。

我们还应观察孩子绘画作品中的细节。孩子一般都具有丰富的创造力和想象力，如果孩子在心情好时完成绘画作品，那么他的创造力和想象力会高于平时。除此之外，我们还应观察孩子绘画作品的种类，如果作品题材大体相同，并且数量较多（孩子可以画出人物穿的裙子上的27粒纽扣，也可以画出小猫身上的254根毛），这样的孩子并非是追求完美主义，而是他们自身具有专注某种事物的刚性，并且在短时间内难以发生转移。

孩子绘画的情绪与速度也会传递很多信息，如果孩子绘画的速度比较慢，但是画得很努力，很用心，这表明他的性格积极。如果孩子不愿意继续作画，或者在后续的绘画中不断出现失误，而且绘画速度很慢，还无精打采的，这时就要注意，这说明孩子无心

---

① 《孤独的小公鸡》：法国动画片。——译者注

作画，这也是孩子性格上的消极信号，孩子可能神经衰弱，或者有抑郁倾向。如果孩子的绘画速度较快，表明他是一个活泼好动的孩子。如果孩子的画作画得粗枝大叶，与画得整齐的孩子的作品存在着差异，表明他是一个极度活跃的孩子，他也可能否定需要完成的任务，或者急于摆脱现在的任务，或者为了快点完成任务，致使绘画质量下降。

孩子对绘画的描述也会使我们获得很多信息。如果孩子在绘画过程中按照自身想法寻找绘画题材时，他可以很清晰地讲述他画了哪些人物，为什么选择这些人物，这些人物之间的关系是什么，自己与这些人物之间的关系是什么等，这表明孩子善于交际，比较容易与外界接触。

再次询问孩子，如果让所画的物品有规律地排列，他应该做些什么，在后续的绘画中如何表现这些，孩子甚至在你的面前表现出追求细微之处的完美，表明他在心中时时刻刻对自己曾经出现的失误感到不安和担忧。

如果孩子对具体的绘画要求总是勉强答应，或者在绘画过程中经常提出类似的问题，"为什么要这样画呀""我不想""无聊""讨厌"，这表明孩子害怕、疲劳，缺少对绘画的好感，希望尽快结束绘画，或者是在短时间交往中比较迟缓、比较迟钝的孩子，他们渴望逃避困难,总之原因很多。

　　正如你所见到的,孩子出现的各种不同的信号却是由各种不同的内部原因引起的,然而需要提醒父母的是判断孩子的情绪,分析孩子的心理状态不是占卜,不是算命,不能凭借经验,不能仅仅根据一张图片就仓促地、轻率地给孩子下一个结论;不能根据自己孩子的某一个行为下结论,而应根据孩子平时的各种表现,综合各种观察结果下结论。只有在你已经看到过多的焦虑症状或者不正常的举动,在不同的时间内见到不同的图画时,才应在专业的心理工作者的指导下对孩子做出正确的情绪判断。因为专业的心理学工作者可以从专业的角度加以分析,而不是增加父母的担忧和恐慌。有时我们不能仅仅凭借孩子绘画作品中的阴影或粗线条就简单地得出结论,这也许是艺术学校或艺术课程所教授的绘画技巧。孩子绘画作品中的阴影、色彩、数量可以表达很多的意思,不仅表示他们的情绪或心理。

　　当然,我们还需要仔细观察整个画面,通过对画面的细节仔细观察后的整体印象做出判断,而不是仅仅纠缠于细节。这是一个微妙的问题,取决于每个孩子父母的态度和心理状态。但也有些作品,会令每一个观察者产生不好的印象,如暴力场面:受伤,画面布满血液,反社会的主题,具有侵略性"武装到牙齿"的人物或动物，奇异的、可怕的、严重变形或歪曲的形状或比例，所有这些，按照孩子绘画研究专家约翰·约瑟夫[1]和B.A.列昂尼多维奇[2]的观点，是比较麻烦的信号。

有一点我需要强调，现在我们所谈论的各种孩子心理特征，必须在综合分析各种因素之后才能做出结论。

为了更好地观察孩子的各种表现，我们还可以在专业人员的帮助下通过孩子绘画的形式，对孩子进行心理测试，从而对孩子做出专业评价，接下来我们就谈论这个问题。

帮助我们了解孩子的心理测试

"请画一个人物吧"的测试

通过上面的分析，我们已经知道，孩子绘画作品是有关他们的性格和角色的非常宝贵的信息资源。现在我们首先要注意观察他们自己创作的绘画作品，尤其是他们按照自己的意愿创造的绘画作品。

为了使成年人走进孩子的内心世界，真正了解孩子的想法，需

---

[1] 约翰·约瑟夫：心理学教授，主要研究儿童绘画与心理治疗。——译者注
[2] B.A.列昂尼多维奇：儿童心理学家，主要研究领域为学龄前儿童的精神发展。——译者注

怎么做，才能读懂孩子的心　Читаем мысли наших детей

要采用专业的方法来分析他们的绘画作品，这种方法就是我们要探讨的孩子绘画的心理测试。世界上第一位采用绘画作品来分析和评价人类的心理状态的观察者做了大量复杂的工作。艺术理论家柯拉多[①]是世界上第一位研究孩子绘画作品并正式发表作品的研究者。他于1887年在博洛尼亚出版《儿童的艺术》一书。第一位尝试运用系统方法研究人类情绪的研究者为F.古迪纳夫[②]，他撰写了第一篇与此相关的学术论文——《请画一个人物吧》。

画人物画是可以获得最翔实的与孩子情绪相关信息的方法。因为孩子自己和周围的每一个人都是孩子世界中最主要的目标，这表明观察这些人物是最自然的事情。

"请画一个人物吧"的心理测试，不仅可以判断孩子的知识结构与知识发展水平，还可以了解他们在心理方面存在的很多细微差别：了解他们是否可以进行有效的社会沟通和社会交往；了解他们对自身的满意度；判断他们的情绪状态；了解他们的自我评价；了解他们的幸福指数和社会取向；以及是否存在焦虑、恐惧的心理和暴力倾向等。

上述所有分析的详细说明均可参考 B.A.列昂尼多维奇的

[①] 柯拉多：意大利美术学者，1887年出版《儿童的艺术》一书。——译者注
[②] F.古迪纳夫：美国心理学家。——译者注

《绘画心理测试》和约翰·约瑟夫的《孩子绘画的诊断与解释》中的研究成果。这些心理学家的研究已经非常明确：绘画作品的整体印象和选择的人物的面孔非常重要。孩子所画的人物的面孔，直接反映了孩子的情感和情绪，如果画了一张笑脸，表明他是幸福的；如果画了一张哭泣的脸，表明他是忧愁的；如果画了一张慌张的脸，表明他害怕，还缺少自信，希望逃避现实；如果画了一张没有个性的脸，表明他沉迷于自我；如果画了一张凶恶的脸，表明他具有攻击性或暴力倾向；而如果画了一张明显令人讨厌的脸，表明他具有抗拒性，甚至有可能具有反社会倾向，向往与主流生活相反的风俗和生活。

孩子绘画作品中人物的姿势也同样传递很多非常重要的信息。如果孩子（尤其是青少年）自身发生着重大的变化，当他与朋友或自己的父母发生争吵、争执，那么他所画的人物多是扭曲着背部，并且背部与其他的环境、情节相分离。如果孩子画的人物是躺着的，表明孩子的力量在下降，无力、虚弱，自我感觉较差或神经性虚弱（从表面上看与生病孩子的状态相差无几，并会使人联想到文艺作品中命运多舛的人物）。如果孩子画的是奔跑着的人、忙碌的人，表明孩子是精力充沛的，他具有英雄性格，是一个方向明确、目的性强、具有创造力的阳光少年。

如果孩子在绘画作品中所画的人物并非平常人,而是某一位具体的文艺作品中的人物(如故事或影片中的英雄),这表明孩子具有抗议性的性格。

如果孩子在绘画作品中选择了具有较高社会地位、有权力的人物(如总统、国王、女王、皇后或公主等),表明孩子有很高的野心,具有较高的奢望。从资金的角度分析,如果孩子的绘画作品过度关注幸福生活,或者相反,所画的人物非常贫穷,表明孩子对自己目前的物质生活不满意,也不相信自己的生活会向幸福生活的方向转化。

如果在绘画作品中出现军人(或者普通的武装英雄),表明孩子具有暴力倾向,或者渴望被保护(其行为属于保护性攻击)。

较低自我评价和消极自我表现的孩子,或者妄自菲薄的孩子,如果他们没有其他办法解决这个难题,只能像小丑一样,他们希望自己即使是一个小丑,也要脱颖而出,而不希望自己是另外一种样子,他们希望以各种不同的行为引起他人的关注。

如果孩子采用了与社会利益不符的方式,无论是积极的,还是消极的,画出了无社会公德的人物(如与童话故事中英雄不一样的人物——罪犯、酗酒者、吸毒者),表明孩子具有非常明显的反社会倾向,或者抗拒社会公德,这是孩子面对过度压力的一种强烈反抗，也是由父母决定孩子所有的一切事情，致使孩子看不到未来的希望所致。

很多资料表明，存在着心理问题的人，大多数是不善于思考的人，或者是类似于"外星人"，大多数时候在孩子的绘画作品中会出现这样的人物，他们常常陷于自我状态中（可能很多时候需要专业人员的帮助），或者非常孤独（更多时候忙碌的父母经常将电脑塞给孩子，是游戏或动画片中的人物在陪伴孩子，而不是生活中真正的人在陪伴他们）。

接下来，我们要注意观察孩子绘画作品中人物身体的各个部分，这也是非常重要的。

孩子从3岁开始就可以画人物，而且是从人物的头部开始画。如果孩子的绘画作品中所画人物无头或者头部比例、尺寸发生变形，这是非常令人担忧的。

我们可以根据孩子的绘画作品中的人物头部大小，获得7岁以上孩子的心理信息。如果孩子画的头部过小，表明孩子的自我评价很低；如果孩子画的头部过大，表明孩子的情商较高；如果孩子的绘画作品中出现了一个夸张的、不成比例的硕大的头，表明智力发展水平在孩子心目中是人类最重要的优点，也与仁慈、友善和其他的精神力量一样，不可被低估。

孩子绘画作品中是否画眼睛或画的眼睛是非正常的,这反映出很多与孩子情绪有关的信息。如果孩子在绘画作品中画了一个点或一个空的圆形(眼窝中无眼珠);7岁以上的孩子如果在绘画作品中将人物的眼睛完全涂黑,或者画得比较粗糙,画得比例不协调,并且把眼睛画在不重要的位置(如画在前额或下巴上);或者只画了一只眼睛,所有这一切都是不正常心理状态的迹象,这都与孩子的倦怠、易冲动、消极、恐惧等有关联。我们应该用更多的证据来具体判断,因为这不仅仅属于心理疾病的范围,也可能是神经内科或精神科领域的疾病。

如果孩子用较长的时间非常详尽地画人物的头(包括每一根头发),非常仔细地画人物的眼睫毛,并画出很多额外的细节,表明这个孩子希望引起别人对他的关注。孩子绘画作品中人物的嘴巴也是我们观察的一个细节。作品中出现突出的牙齿或很多尖尖的牙齿,表明孩子对任何人、任何事情不满意时,他会直接表达出来。

嘴巴也是孩子绘画作品中的重要元素。孩子在作品中画了很多突出的牙齿,或者尖尖的牙齿,表明孩子会经常出现言语性的攻击行为(当孩子的某些要求不能得到满足时,他立刻会哭泣、喊叫)。如果7岁以上的孩子在绘画作品中画了扭曲的嘴唇,表明孩子有些偏执或者在成长过程中出现过问题。如果孩子在自己的作品中画了特别丰满的、色彩明亮的嘴唇，尤其少年，表明孩子已经关注性问题。但如果孩子在自己的作品中画了无嘴的人物，表明这个孩子拒绝与外界交往，或者是神经衰弱。

如果孩子在自己的绘画作品中画了过大的器官（如眼睛或耳朵），这是由于孩子有些过度关注和研究周围所发生的一切，也是焦虑的标志。如果孩子在自己的绘画作品中画了过大的鼻子，一般来说，这个孩子更多关注自己的外表，并对自己的外表不满意。

如果孩子在自己的绘画作品中，没有给人物画上耳朵，表明孩子正试图与外界撇清关系，"不想听周围的一切声音"，这一般是由于他们周围的气氛过于压抑，或者是发生某种事情时，孩子不想听到任何声音，并且孩子也拒绝主动听到这些声音，为了躲避这些声音，孩子可能会通过撒谎或大声喊叫等方式，来拒绝自己听到这些声音。

当然孩子的绘画作品中人物身体的形状与自身相似，说明作者在适应他自身的周围环境，因为孩子在这里感受到自身的存在。如果7岁以上的孩子在自己的绘画作品中画的人物是清瘦的，或者是又高又瘦的，说明孩子自身比较瘦弱，内向，经常沉浸在自我的世界中。如果这样的作品的作者是女性的话，她可能患有厌食症。

孩子用粗的线条画人物，表明孩子可能对自己的外表不满意，尤其是如果我们谈论的是孩子的第一个作品。

如果孩子在自己的作品中仅仅画出人物的轮廓，似乎没有信心去完成自己的作品，表明孩子的韧性不足。孩子在作品中所画人物的线条都不是很确定，这是孩子惊慌不安，或者缺乏自信心的表现。

如果孩子在自己的绘画作品中所画的人物有棱角，与正常人形象不符，所画的人物存在明显的畸形，或者人物存在严重的比例失调，歪曲人物形象，这些都表明孩子身上具有反社会倾向等消极心理特征，或者精神方面出现了问题。

画作中人物的手是孩子人际交往的直接反映。如果他们在画人物的手时，双手张开，并且希望拥抱周围的谈话者，表明孩子的性格外向，比较容易与人相处，并善于与他人交往。如果孩子将所画的人物的手藏在背后，表明孩子的性格比较内向，经常沉迷于自己的内心世界。

如果孩子在自己的绘画作品中画人物时，没有画手，表明孩子在人际交往方面存在问题。一般来说，孩子希望回避与人交往。

若在作品中孩子为人物画了一双过大的手，甚至是巨大的双手，表明孩子有强烈的交往需要，孩子对自身交往能力不满意。这样的绘画作品也表明孩子的性格偏向于感情冲动，也希望自己可以在足够的范围内扩大自己的影响力。顺便讲一下，如果孩子以自己的父母为模特画了一双这样巨大的手，表明孩子受到非常严厉的管教，他身处各种过分管教的环境中。

如果孩子在自己的作品中画人物拳头时，拳头上长着突出的、尖锐的指甲，则表明这个孩子具有攻击性，并且伴随着肢体暴力行为。他认为，用暴力解决冲突是最便捷的方法，否则在其内心深处难以找到解决问题的途径。孩子害怕自己受到惩罚，害怕被别人指责，当这些不良情绪积聚到一定程度，他们马上就开始大哭一场，如果用这样的方法还未能解决问题，就采用暴力手段来发泄自己的不满。

如果孩子感觉自己所生活的世界非常美好，那么可以通过他所画的人物的脚来找一找证据。如果孩子所画的人物长着一双长长的、瘦瘦的脚，表明孩子比较虚弱，走路时像摇曳的叶子一样；如果孩子所画的人物长着较宽大的脚掌，表明孩子渴望得到更多的支持和帮助；孩子所画的人物的双手可以表明他们的日常生活能力，而且他们的年龄越小，越不愿意承认自己是小孩子。

孩子在绘画时对人物性别的描绘，也可以使我们获得很多与孩子情绪相关的信息。如果一个 12 岁以上的孩子在画人物时，比较在意性特征，这很正常。但是如果孩子的年龄比较小（5～6岁），在画人物时过于关注这方面，表明孩子在此方面存在一定的问题，表现为抗拒，不愿意接受社会道德规范，或者想挑战社会规范。

如果一个孩子在画人物时，看不出人物的性别，即可以认为男性、女性都可以的一种中性人物，这有可能是孩子还未形成自己的心理性别（一句话，这在青少年的早期是正常的，并不意味着同性恋）。这说明在两性交往中，孩子对自己、对他人的性别意识还未成形，并未能对此做出判断。

如果孩子画了一位男性特征特别突出的人物——身材高大，强壮有力，明显意味着孩子具有大男子主义倾向和个人崇拜（崇拜力量大的人）的特征。这对青少年来说，非常典型。如果绘画者为 6～9 岁的孩子，表明孩子具有较强的攻击性，他自身缺乏足够的信心，这种情况一般发生在孩子心理发展不太正常的阶段，即心理发展中的恋母情结阶段。在这期间孩子会与父亲"争宠"，以此获得更多的母爱，此时孩子还不能确定自己已经进入男性世界（5～6岁）。

我们来谈谈，最后一个重要的信息——孩子绘画的细节。

例如，绘画作品中人物手中拿着各种武器（包括拐杖）——

这是孩子具有攻击性（暴力倾向）的标志，人物手中的武器数量越多，体积越大，表明孩子存在的问题越迫切，越需要及时解决。

香烟、瓶子、注射器、文身——表明绘画者缺乏社会公德观念，尽管他知道存在社会道德规范，但他故意去做违背社会道德规范的事情，以此来抗议和示威。

如果在少年的绘画作品中出现气球、糖果、冰淇淋和其他的孩子用品，表明作者还具有较浓的"孩子气"，或者希望回到生活比较如意的时候（这也是一种逃避，希望回到童年时代）。

如果孩子在画人物时，过度关注装饰品、服装、发型和所有的"包装"，表明孩子希望得到别人的关注，这是一种非常典型的少女行为。

如果孩子在画人物时，画上伤口、疤痕和将人画成丑陋难看的畸形，这些都表明孩子有些神经官能症的迹象，总之是一种不正常的心理状况，或者是有普通精神疾病的标志。

现在我们已经学习并了解了孩子的部分情绪特征，也了解了一些孩子的个性特征和个性倾向，但这仅仅是通过孩子"画人物"的测试得出的结论，还不能得出与孩子心理特征有关的所有结论。

借助孩子的绘画作品，我们还可以以此判断孩子的智力发展水平。

学者G. 罗马①于1913年在巴黎最早对此进行研究。他在F. 古基那夫②的研究基础上，比较了比较成熟的孩子绘画作品中人类形状的演变进化，从而判断孩子的智力发展水平。1963年D. B. 哈里斯③证实了F. 古基那夫的研究结论并建立了学龄孩子的标准模型。

研究者的测试为分析3.5～4岁孩子所绘的动物形象（在心理学上称为头足动物）——孩子用线条画圆形的人，这个人有头、躯干、眼睛、嘴巴、手和脚（你或许会有些疑惑，只是用线条就可以画出健壮的人吗？其实这很简单，如同渔民在很多种类的鱼中，一下子就可以把章鱼分出来一样）。

随着年龄的增长，测试方法越来越复杂，孩子所画的内容也不断增加，在画头足动物之后，进入系统的绘画阶段，可以在确切的、指定的位置画一组仿佛"贴在"头足动物中间的，并可以做头足动物的"样板"的动物或人。

这一阶段（7～8岁以上）孩子的绘画水平在逐渐提高，其水平介于示意图与艺术创作之间。最后，当孩子不仅仅用简单的线条来画画，他们可以让双手、双脚、躯干和头和谐地成为一体，他们让人体的各种比例适当，大小正确，更接近于实物。

---

① G. 罗马：美国心理学家。——译者注
② F. 古基那夫：美国心理学家。——译者注
③ D. B. 哈里斯：美国心理学家。——译者注

这一阶段孩子的各种表现与其实际年龄非常相符，几乎不会出现偏差，因此可根据孩子的绘画作品来判断他们的智力发展水平（更确切地说，他们此时的智力发展水平与年龄相符）。如果孩子的心理发展水平和智力发展水平低于同龄人的正常水平（违背正常标准或落后于正常水平），通常他们的表现力也相应地低于同龄人。

为了完成"请画一个人物吧"的测试，请给孩子一张白纸，让他们思考一下，最佳放置纸张的位置：水平或者垂直。为了保证孩子绘画的质量，需要给孩子提供普通的铅笔，铅笔不能太硬（使用过硬的铅笔，孩子作画有些困难，而且容易将绘画纸划破）；也不能给孩子提供过软的铅笔（使用过软的铅笔，会使画面比较脏，画面过于难看）；为了不让孩子一次次地使用橡皮擦，尽量不给孩子准备橡皮，即使准备了橡皮，也不要让他们过于关注它，让孩子自己决定是否擦掉。正如我们所讲过的，修改也是成长的信号。因此最好是给孩子准备带橡皮头的铅笔，这样孩子觉得自己的作品需要修改的话，让他自己来完成这项任务，我们成年人没有必要特意去提醒他们。

进行这一测试之前，我们先要告诉孩子，让我们画一个人物吧，"我们要画一个完整的人，包括他所有的一切，请努力画吧，因为你可以画好"。为了让孩子更好地理解,可以简单地告诉他,请按照自己的想法去画一个人,如果孩子希望用画其他的来代替画人物,可以继续对他讲,可以画自己想要画的物品。

如果孩子已经开始画画,那我们就开始认真观察他们画人物躯干,从哪里开始,又在哪里结束,观察在绘画的过程中孩子是否存在困难,在哪些地方他曾加以修改(这就是通常所说的,问题区域);在绘画的过程中孩子提出什么样的问题,他又是如何解决的,他快速(或者比较慢)地完成作品。

我们还可以用分数来评价孩子绘画作品的每一个细节,并可以根据总分来判断孩子的智力发展水平与其年龄是否相符。如果在绘画作品中包括了必需的组成部分:头、躯干、眼睛、鼻子、嘴巴、手和脚,孩子每画一项记2分;如果孩子画出了耳朵、头发(包括头上的饰品)、眉毛、脖子、衣服、手指、脚掌(或者鞋子),每画出其中一项,记1分;如果将人物的手指个数画正确,每一根手指记1分;如果绘画手法富有艺术感(指整张画,不仅仅是其中某一组的线条)记8分;如果绘画水平介于两者之间(造型和框架比较和谐)记4分;如果双手和双脚的外形大体一致,记1分;如果孩子画的是一种原始示意图,则不得分。

这样最少的分数为0分,最高的分数为30分。

按照这样的方法来测试，不同年龄段的孩子的标准分数区间如表1所示。

表1　不同年龄段的孩子的标准分数区间

年龄区间（岁）	得分区域（分）
5～6	14～22
6～7	18～25
7～8	20～26
8～9	22～27
9～10	23～28
10～11	24～30
11～13	25～30
13岁以上	26～30

很明显，孩子的分数越高，其智力发展水平越高。

如果经过测试，孩子所得的分数与其年龄段的标准相差比较大，这仅仅说明孩子的智力发展水平暂时落后，但不能因为孩子的一张图画就简单地判断他的智力发展水平，因为这样的测试仅仅是测试孩子全部智力发展水平的一小部分。

如果孩子的智力发展水平高于同龄孩子标准，那请为孩子高兴。

真的，如果父母与专业的心理工作者的测试结果存在细微的差别，那么专业的心理工作者的测试结果更接近孩子的真实情况。

第一，专业的心理工作者对此进行了长时间的研究，结论更加客观。

第二，孩子对待画画的态度和情感大都来自爸爸和妈妈，如果孩子与父母之间有矛盾，或者发生了冲突，那么他们在画画时会非常胆怯；如果孩子本身对画画没有兴趣，画画时，他们会带着不满的情绪来完成任务，这些都会影响测试结果。

因为我们不建议父母要求自己的孩子接受你所要求的测试，这样的测试虽然可以很快就得出结论，但测试结果不一定真实有效。因此最好拿着孩子凭经验而画的作品——而不是在你的要求和监督下创作的作品，咨询专业的心理工作者，或者请你的朋友（不是非常熟悉孩子的人）帮忙来做测试。为了真实读懂孩子的绘画作品，而不是曲解其作品，专业人员解释时会更加小心翼翼，更加认真，他们在认真研究的基础上得出结论。他们不仅仅是对孩子的绘画作品进行解读，更多的时候是在仔细倾听孩子的解释之后，认真观察孩子的行为，再得出相应的结论。

因此，各位亲爱的爸爸妈妈，如果你对自己的子女的绘画作品有疑问的话，最好的方法是咨询儿童心理学家。本书只是描述了一些指导性方法，这些方法有助于你观察孩子的内心世界，这些方法并不是单纯为了"诊断",而是要帮助你明白如何解决问题。

"房—树—人"的测试

在研究我们人类自己的意识和潜意识的方法中,最著名的测试为"房—树—人"。心理学家巴克[①]于1948年首先开始这方面的研究。当时他发现了3个不同元素的作用,但后续伯恩斯[②]将这个试验完善了,他将3个不同元素放在同一个作品中进行观察,今天我们使用的方法就是当时多种方法中的一种。

我们可以把这个"三合一"的心理测试方法运用于成年人和孩子的心理测试,既可以对个体的人进行测试,也可以为一组人进行测试。在真正的孩子心理学家眼中,从学校到幼儿园,所有孩子画的有树木、有房子的画都不是那么简单,都具有丰富的意义,这正是这种方法非常流行的主要原因。

如果采用这种方法进行测试,对被测试人员的性格特征做出真实客观的判断,需要多少信息,这是一个有争议的问题,然而事实上如果一个用心的成年人借助于一定量的正确信息,可以比较容易地对自己孩子的心理状况做出正确的评价,或者可以尽快地

[①] 巴克:美国心理学家。——译者注
[②] 伯恩斯:美国心理学家。——译者注

将注意力转移到关键问题上,这一点毋庸置疑。

因此本书将为你介绍更多的测试方法,如同各种不同的借助绘画作品来判断的测试一样,它们仅仅只是一种方法。既然是一种方法,它就是在我们的潜意识里正确认识人类自身的方法,是一种需要"专业技术"的方法。

我们的做法是要求孩子画一幢房子,画一棵树和一个人,当他把这个完成以后,要求孩子补充有关细节问题。

各种各样的"测试表"几乎都在数十页以上,除此之外,如果你愿意的话,你可以在网络上找到各种各样的测试方法,因此我们谈论的内容仅限于应注意的问题。

首先让我们来看看孩子怎么画房子。如果孩子画的房子非常大,但不漂亮,孩子却能接受这种房子,他也许认为这样的房子并没有什么不好,更准确地说这有可能是他从心理上认可的家庭环境。

如果在绘画作品中,孩子画的房子明显高于树和人,这表明家庭在孩子心中是非常重要的。如果孩子画了一个小房子,而且房子在这3个元素(房子、树和人)中最小,表明家庭成员的亲密关系在孩子心目中并不重要,并且很软弱、很脆弱。如果孩子将房子画在远处,画在次要的位置,也许是因为孩子感觉到无人关心自己,自己被排斥，在家庭中被疏远。

除此之外，如果孩子在作品的上方用其他物品代替了房子，这不是太好的情况，这可能是孩子缺乏想象力。如果孩子在画房子时多次重复地修改，用笔较弱，或者在画画的过程中缺乏自信，这更加不妙。因为孩子可能生活在具有严重冲突的家庭中，他不明白自己在家庭中的地位，不知道自己在家庭中所扮演的角色，甚至会怀疑自己的家庭是否需要自己。

我们还应注意孩子绘画的步骤。通常孩子如果先画树前面的物品，说明孩子是坦诚外向的。但如果孩子突然去画没有门窗的砖墙，说明孩子在交流沟通方面与其他人产生过重大分歧，这种情况可能刚刚发生，也可能由来已久，但一般是因为孩子已经不习惯于听成年人的指令，他们不再期盼有更好的结果。

按常理而言，房子应该有门窗。如果孩子没有画门窗，这样的孩子最有可能不愿与外界接触，希望避免与外界接触沟通，因为害怕而封闭自己。如果孩子画的门上锁了，这表明孩子完全封闭自己，疑心较重，不相信这个世界，这是一个非常紧迫的问题，急需解决。

如果孩子在画窗户时，画上了百叶窗（特别是画了栅栏），这表明孩子害怕受到欺负，或者曾经经历过危险，或者曾经被欺凌；

也可能具有强烈的依赖感，或者缺少自由。孩子所画的房子的外形和墙的特征，有助于我们全面了解他们的性格。如果孩子画的房子墙体过宽，表明孩子非常需要被保护。除此之外，根据孩子所画的其他内容，可以判断孩子有可能自己一个人生活在一个小屋子里，家中没有成年人陪伴，或者他厌倦了过多的监管。

房顶不仅体现孩子的必要安全和保护意识，而且还是孩子想象力和创造力的表现。仔细观察孩子画屋顶的细节和装饰部分，如果在绘画中孩子能经常美化房顶，这可以得出一个结论，这个孩子是一个梦想家。

在所有的参考资料中，对绘画作品中的解释均提到烟囱，而且十几年前所有孩子的绘画作品中确实都画了冒着烟的烟囱，如果孩子在绘画中没有画烟囱，心理学家认为，这样的孩子在家庭中缺少温暖，在孩子生活的周围缺少友善的态度。然而生活在现代城市的孩子在绘画时，你几乎看不到他们画烟囱，因为他们居住在有供暖系统的楼房里，他们实在是不认识烟囱，我们可以观察其他的。现在让我们来观察一下孩子画的树吧。

一般而言，正常的树应该是挺拔的、高大的，树枝上长着浓密的叶子，叶子向上生长，并且树枝向外分枝，根深，长度和宽度比例匀称。

如果在孩子的绘画作品中完全呈现出这些细节，也不能说明孩子的心理状况完全正常，让我们仔细研究孩子的作品吧。因为任何有关植物问题的研究，都会使作者过多关注树的绘画细节。

因此，如果孩子画的树干是干燥的，破损的，既没有叶子，也没有根，表明这个孩子对目前的生活环境具有强烈的心理不适，甚至这个孩子可能会有些抑郁。

如果孩子的作品中没有画树的根，这是一个不太好的迹象：孩子对家庭的依赖非常弱，对孩子而言，他所生活的家庭，只是他居住的一个普通的地方。孩子周围的成年人需要认真思考出现这种情况的原因。

如果孩子在作品中画了树的根，却悬在半空，没有长在土壤里，大概是因为孩子感觉不到生活的长久性，找不到生活的立足点，或者说在现实生活中他无法很好地找到未来的发展方向。

树皮象征着孩子需要保护，如果孩子非常认真地、仔细地画了厚厚的树皮，表明孩子非常恐惧来自外界的侵略或攻击。

如果孩子在绘画作品中画了中空的树干，尤其是明显的中空树干，表明孩子曾经患过病（可能做过手术），或者在非常复杂的环境中受过心灵创伤。如果孩子在中空的树干上画了松鼠或者小鸟，准确地说，这个孩子希望掩盖和证实他在需要被保护和安全感方面的强烈要求。

树枝是孩子社会交往的象征,如果孩子画的树枝向上生长,并且向外分枝,叶子浓密,树叶向四面八方伸展,表明这个孩子易于与人交往,并且他有很多朋友,孩子画的小树枝越多,说明孩子与朋友的关系越牢固。如果孩子画的这些树枝紧紧地贴着树干,或者把树枝画得直直的,像线条一样,这个孩子大概在人际交往方面存在着问题。

如果画中的树枝被树叶掩盖起来,表明这个孩子是一位内向的、喜欢隐藏自己思想感情的人;如果孩子画的树枝低垂(如画了垂柳),表明孩子感觉自己不重要,他可能体质较弱,或者由于某些令他难过的因素,内心非常痛苦,非常沉重。

如果孩子没有画树冠,这值得我们的注意。一方面,这是孩子的感情比较充沛,精力比较旺盛,易冲动;另一方面,孩子具有强烈的向前发展的愿望。因此,在这种情况下,我们可以得出结论:这个孩子较难看到未来,无法想象自身的生活前景,或者缺乏对未来生活的激情。

如果孩子在绘画作品中画了切碎或折断的树枝,表明孩子曾经遭受过严重的心理创伤或者有抑郁的倾向;如果孩子画了树枝,并且树枝末端非常尖锐,这是一种暴力倾向的反映。如果孩子画了尖尖的树冠（如，像云杉那样的树冠），这表明孩子需要一种防御性的保护，保护自己不受到侵害，这种侵害可能是真实存在的，也可能是虚构的，或者是假想。总而言之，因为孩子画圣诞树比较困难，因此能画出这样树的孩子，在社会交往中往往带着"刺"——比较难与人相处。

如果在自己的作品中，孩子不仅画了树，还画了灌木丛（尤其是这些灌木丛紧紧包围着房子），也许是因为这个孩子有着强烈的愿望：希望在现实生活中，在自己的周围，具有某种可以保护自己的屏障。

现在我们将注意力放在整幅作品的外观上。

第一，绘画作品中的天气非常重要。一般来说，天气是孩子情绪的反映和孩子对外界或内部刺激的反应。通常情况下，孩子在绘画作品中画了非常糟糕的天气，有可能是这个孩子感觉周围的世界充满敌意，觉得周围世界缺少温暖，让他不舒服，存在压抑感；相反地，如果孩子画了非常好的天气，则表明孩子的内心非常平静。

画中所出现的季节也表现了孩子的不同性格。孩子画了春天和夏天——这是温暖的象征。如果孩子不是按照实际所处的季节，画了秋天和冬天，这表明孩子的体力在下降，并有些抑郁的倾向，无法感受到家的温暖。

　　第二，我们应关注孩子绘画作品的构图。如果孩子将物体画在图画纸的下方，或者画在纸的边缘，表明孩子无法感觉到自己的重要性，对自我的评价要比其他人的评价低很多。

　　现在我们来观察孩子怎样选择画面的中心轴——是偏向中心的左边一些，还是偏向右边一些。一般来讲，画面的中心位置应该特别对称。画面右边的位置象征着未来，如果孩子在右边画的内容较多，占整张图画纸的大半部分，表明孩子对未来非常执着，并有非常大的设想（这是少年特有的个性）。然而绘画中的内容过度挤在右边的边缘，说明孩子"强烈"希望"逃离到未来"，因为不是未来在吸引着他，而是孩子目前的生活很累，他希望尽快摆脱现在的生活。

　　而画面的左边象征着过去。如果画面的内容占据着图画纸左边的大部分，这是很早以前发生的事情的集中体现。如果整个画面集中在图画纸的左上方，表明孩子在有意回避任何与过去有关的事情，并对已经结束的过去存在着恐惧感。

　　另外，我们还应仔细观察孩子画画的顺序。如果孩子先画人，表明他们能认清自我，认清自我在世界上的地位，这是孩子目前最需要解决的现实问题；如果孩子先画树，并画在重要的位置上，表明孩子善于与人交往，并充满了活力；但如果孩子先画房子，对于孩子来说，目前他最需要的是来自家庭的温暖和安全感。

现在我们不仅仅只关注孩子绘画的内容，还应关注他们是如何画的。

如果孩子在绘画过程中经常担心自己画不好，不断地谈论自己画不好的话题，并对自己的作品不满意，这意味着孩子极其缺乏自信心，也有可能是孩子长期处于类似"如果你不这样做，就……"的指责中。

如果在绘画过程中，孩子非常疲劳，绘画速度明显放慢，并且工作效率比较低，表明孩子的神经系统衰弱得比较快。

如果孩子对绘画具有抵触情绪，并以各种理由拒绝你的要求，这表明孩子希望自己将内心封闭起来，不希望别人走进自己的内心世界。

最后，我再次强调，你不必因仅仅凭借孩子的绘画作品得出的结论而恐惧。如果你有不满意的地方，有不喜欢的结论，最好去征求专业儿童心理学家的意见和建议，要知道孩子绘画作品的"家庭测试"并不能及时发现所有的问题。

怎么做，才能读懂孩子的心　Читаем мысли наших детей

"画家庭"的测试

对于任何一个孩子来说，家是他们的小世界，家对他们来说是最重要的；而所有的亲人对他们而言是非常重要的"星级人物"，因此观察孩子如何画自己的家庭，可以深入地、仔细地观察他们的内心世界。

大概你不止一次听说过，家的绘画作品如同一本打开的书，在书中你可以很轻松地读完这个家庭中所有成员的故事。很多的心理学著作均描述过这些书中的"密码"（在著作的结尾处集中呈现观点，如实再现家庭"文学作品"），因此本书不再重复这些内容，更多的是关注非标准、非固定化的心理测试方法。

因此我们先开始传统的、经典的测试：给孩子一张纸，让他画自己的家庭，并不具体要求他画谁，也不具体要求他画的这个人物怎样，画在哪里和用什么颜色的笔来画都由孩子自己决定。孩子画画时，我们来观察（但我们的观察不能过于明显，在孩子自己画画的情况下悄悄地观察，以免造成孩子产生不必要的紧张感）。当孩子画完后，你可以询问类似的一些问题，如你画的是谁，他们在什么地方，在做什么，他们的心情如何，他们之中谁是幸福的，谁是不幸福的；如果孩子不愿意回答这些问题，不必强迫他们回答。因为看完他们的作品，我们就可以得到答案。当然如果为你提供一些答案，有助于你更好地了解孩子，同样也可以判断他们是否坦诚。

一般来说，分析孩子的绘画作品的基本步骤是：先观察孩子绘画作品的大小，在图画纸上的位置、成品的线条特征、准确性和对作品结构的一般印象。然而本测试的目的是弄清孩子的家庭关系和家庭气氛，因此我们还要进行以下的分析。

孩子最先画的是谁，谁的个头最大，谁的身高高于所有人。如果孩子画的身高最高的人为爸爸、妈妈、奶奶或者爷爷，这表明孩子认为此人是家中最重要的成员；如果孩子将自己画得非常高大，并且高于所有人，这表明孩子认为自己是一个了不起的人；如果画面中出现身高完全不同的哥哥和姐姐，这意味着二者之间是严重的"竞争关系"：谁被画得高大一些，谁就是孩子的领袖；如果你的孩子将自己画得比其他家庭成员均小很多（甚至小于家里的猫），表明孩子感觉到自己在家中不重要。

- 如果孩子将家中所有成员都一一画出来，表明没有一个家庭成员与孩子之间存在着复杂的关系；如果孩子画的这些人从外表来看，几乎是平面的，缺乏立体感，或者画面中没有孩子自己，这表明孩子感觉自己在家庭中是多余的，不被需要的。

怎么做，才能读懂孩子的心 | *Читаем мысли наших детей*

- 如果相反，孩子并未将某个家庭成员画在房子里，表明孩子非常希望与这个亲人交往，或者非常思念他，希望可以经常见到他。这些亲人可能是自己独自居住的爷爷、奶奶，或者同父异母、同母异父的兄弟姐妹，或者表兄妹。

- 也会出现这样的情况，孩子在画中所画的家庭成员，在现实生活中并不存在。如一个是独生子女的孩子，在自己的身边画了两个兄弟，可以认为，这个孩子觉得自己的家庭并不完整，他希望自己的家庭成员再多一些。如果孩子在画中画了已经过世的奶奶，表明奶奶是他最亲近、最依恋的人，孩子难以接受最亲近的人离开的事实，也难以从这种悲伤中走出来。

- 在孩子的画中，我们可以从家庭成员之间的距离判断出不同成员之间的亲密程度：最坏的情况是家庭成员彼此独立，甚至他们生活在不同的房间，但如果家庭成员过于紧密地聚集在一起，表明他们缺乏自身特有的个性。

- 如果孩子在画中画了家中的宠物，这个宠物在现实生活中与家人同住，表明孩子像喜欢家人一样喜欢这些宠物；如果在现实生活中家中并没有宠物，则孩子可能缺少朋友。

- 孩子在画家庭所有成员的过程中，如果故意地、明显漫不经心地画某个家庭成员，或者多次修改这个人，表明孩子与他有明显的冲突。如果在绘画过程中，孩子不止一次进行修改，不断地擦掉，涂抹线条，则最有可能是孩子的家庭气氛非常紧张，让他失去信心并且精神紧张。

有关家庭的绘画作品，仅仅是"我、妈妈、爸爸、兄弟姐妹在一起"的静态图片的测试。除此之外还有很多的方法可以完成"全家福"的测试工作，这些方法叫动态的家庭绘画作品测试。

这种方法对6～7岁的孩子进行测试不失为一种最佳的方法：因为从这个年龄开始绘画非常有意义，这个年龄段的孩子已经可以关注细节，并有能力传递故事，也有能力区分人与人之间的关系、人与人之间的情感上存在的细微差别。

与传统的绘画不同，这种方法要求孩子在画自己的家庭时，必须让家庭成员忙起来，每个家庭成员都要有事可做。

这个方法可以使我们获得很多信息，可以获得有关孩子对家庭的总体评价和每个家庭成员细节的信息；也可以获得他所理解的家庭传统和家庭气氛的信息，以及孩子所理解的家庭角色分工的相关信息。

特别有趣的是，在自己的家庭成员的绘画作品中，孩子让自己的家庭成员充满幽默色彩，有时甚至相当"黑"。重新认识自己家

庭的益处是无可争辩的，要知道从另外一个侧面认识自己的家庭，必然会降低家庭的紧张气氛，还可以让你找到解决问题的方案。这样就会出现很多有趣的画面：孩子画的爸爸一定是背对家人脸朝电脑，妈妈则是永不停止地在准备晚餐，爷爷则是在喝着酒看电视，而弟弟和姐姐一定是在相互争吵厮打。总而言之，动态的图片可以让我们很快找到在家庭关系中存在问题的区域。

我们要关注动态图片中的哪些内容呢？

当然是家庭成员的相互关系了。

一般来讲，要求孩子所画的主题都是非常普通的，如画家人围坐在餐桌旁，所有人都面向对面的人，这表明家庭成员之间是非常牢固的友善关系。

从图画中我们还可以读到其他信息，当每一个家庭成员都在忙自己的事情，当家庭成员不能相互配合，没有共同的爱好，没有共同的兴趣，不能经常待在一起，这时我们就需要思考，采取何种方法使家庭成员不至于彼此疏远。

如果家庭成员明显被分为不同的组，这明确地告诉我们，这个家庭的成员之间是不平等的，在家庭中还存在着"氏族"或"社区"，它们是按照家庭成员的兴趣、亲近程度，甚至是共同"反对某人"来划分的。如果得出"孩子是多余的"的结论，则非常不妙：小朋友会明显地感觉不舒服，他觉得自己是一个孤单的人。相反，如果家庭成员之间的距离比较小，则表明家庭成员之间彼此没有足够的自由。

我也曾看过很多小朋友的画，画中没有很多人，却有各种各样的物品，这表明物质价值在这个家庭中占首要地位，孩子从另外一个视角多多少少接受这种价值观；另外孩子在家庭生活中缺少情感方面的交流。

有时从孩子的绘画作品中可以发现，人们之间仿佛被分成独立的个体（我在一个房间里，而弟弟在另外一个房间里，妈妈在厨房，爸爸在书房），这种家庭成员分离的状态，表明家庭内部有严重的分歧，他们的家庭生活、社会生活的基本理念全部丧失。

如果在孩子的绘画作品中出现明显的争吵，有的孩子在画中画了大声尖叫，甚至画了锋利的牙齿和爪子……这些都是不妙的。这样的画无须评论，如果是对孩子的这样的绘画加以评价，任何的评价，任何的结论，你都会认为"这是错误的"。

正如你所看到的那样，用这种动态图片的方法，可以获得翔实的信息，但提出的测试要求过于明显，在测试中过于敏感的孩子都非常容易捕捉到测试的目的，因而影响测试的正确性。

为了避免孩子的蓄意歪曲，为了保证测试的准确性，还有一种小方法——"画家中的动物"。

这个测试和"画我的家庭"的测试方法大同小异:给孩子准备一张纸,一支普通的铅笔,只是不需要孩子画他们的家庭成员,而是要求他们画自己家中的宠物,这样他们所画的内容不会出现雷同,而是各有千秋。

如果孩子提出:"我不会画动物呀。"可以告诉他们没有问题,因为这不是绘画考试,而是用画画的方式展示自己的想象力,把宠物画成什么样子并不重要,重要的是你画了哪种动物,它在哪里。这样的解释,会让孩子明白他自己要做什么。

当孩子完成绘画后,一定要弄清楚,孩子画的是哪种动物,它在家中的角色是什么,这样可以获得很多有用的信息。

如果孩子画了大型动物(熊、大象、河马等),表明孩子的家庭成员之间关系亲密、融洽,并且可以给孩子带来巨大的能量。如果孩子画的是攻击性的食肉动物(狮子、老虎、鳄鱼等),表明周围的人对孩子的态度是生硬的,有时是危险的,孩子可能承受着巨大的疼痛。

如果孩子画了一些很小的,让人感到亲切的小动物(小老鼠、鸟、昆虫等),这表明孩子在家庭中不是非常重要;如果孩子将这些小动物画成自己心目中的"小妞"的样子,说明孩子极其需要得到保护，他认为自己过于弱小，并有危险，需要成年人的保护，或者孩子被完全忽略，在大人眼中孩子的感觉是微不足道的，是可以忽略不计的。

如果孩子画了"巨大的"父母与"小小的"野兽的组合，表明孩子喜欢被过度照顾，喜欢被过度保护的教育方式。

如果孩子画了带刺的动物（刺猬、豪猪等），表明家庭成员均比较顽固；如果孩子画了甲壳动物，或者硬壳动物（海龟、犰狳等），表明孩子的家庭成员可能需要保护。

如果孩子画了冷血动物（蛇、蜥蜴、青蛙等），表明孩子感受到自己的家庭成员的情绪低落，缺少必要的"热情"。

如果孩子画了有毒的动物（蜘蛛、蝎子、蛇等），表明孩子不喜欢自己的亲戚，不过孩子对亲人的态度可能不固定，可以有不同的解释，他们对亲人的感情像秋千一样，在爱与恨之间摇摆。

因此，我希望本书可以提供足够的、让你反思的资料，让你分析自己的孩子，并能用心观察他们。孩子像镜子一样，在他们身上我们可以看到自己的影子，而他们的图片像镜子，反映了他们对世界、对自己、对我们的态度。

"不存在的动物"的测试

当然,如同我们所看到的那样,画人物是最受孩子欢迎的测试,而画动物则排在第二位。参观动物园后,孩子们记得最清楚的就是动物,它们也是孩子们喜欢的童话中的主人公,因此孩子们的绘画作品中不可能没有动物。

因此研究孩子的心理已经引起社会各界的广泛关注,也因此出现了用"不存在的动物"进行测验的方法,我希望大家可以熟悉这种方法。著名的心理学家M.3.杜卡列维奇①发明了这种研究方法,并使它在全世界推广。

开始测试前对孩子讲:"我当然知道你的想象力非常丰富,所以请你画一种动物。这种动物,无论是在动画片中,还是电子游戏中你从来没有见过,它们也没有出现过。"

如果孩子回答说,我不知道该怎么去画这样的动物。你可以为孩子解释,这并不难,没有什么不可能完成的。如果需要画"你不知道的那个动物",完全不要在乎它被画成了什么样子。因此除了孩子,没有人会知道这种动物被孩子画成什么样子。如果孩子长时

---

① M.3.杜卡列维奇:著名的临床心理学家,投影测试专家,《画一个不存在的动物》的作者。——译者注

间纠结在"我要画什么"这个问题,一般来说,不需要提醒孩子画什么,可以让孩子自己想所要画的动物。

当他画完自己的作品,可以让他说出自己所画动物的名字。

很少会有孩子用非常平常的、经常可以看见的动物(蝴蝶、小狗)等代替不存在的动物。如果出现这种情况,说明孩子没有弄清楚自己需要完成的任务,在这种情况下最好是让他再画一幅,让孩子画一个事实上不存在的动物,并给孩子重复讲一遍绘画要求的指令。

如果孩子再次画了真实存在的动物,请不要再坚持让他完成这个任务了:并不是所有的 7 岁以下的孩子都能完成这个任务。总的来说,他们对世界的认识非常有限,因而想象力受到一定的限制。如果这种情况发生在学龄孩子身上,则不是因为完成任务的要求较高,而是目前他们的想象力水平较低。如果在绘画作品中孩子只画了非常普通的动物(如猫),他却说这不是一只普通的猫,而是一只"外星猫",则这个作品也算是非常好地完成了。

现在我们可以让孩子来讲讲与他所画的动物有关的故事——动物的朋友、理想、性格、习惯、生活,也可以询问孩子一些相关的问题,如这个动物在哪里,怎样生活,吃什么,身高多少,它做什么,最喜欢什么,最不喜欢什么。要从孩子那里得知重点问题的答案，如它是独自生存还是与其他动物一起生存，谁是它的朋友，谁是它的敌人，为什么？它害怕什么，害怕谁，它有什么隐藏的心愿吗？你会明白，这些问题的答案直接反映了孩子自身的家庭关系，也就是我所说的，分析孩子绘画作品重要性的原因，也可以从孩子的画中看到很多不同孩子之间的差别。

如果在孩子的画中你无法找到动物身体上常见的某一部分，即孩子画得不是很清晰，哪里是头，哪里是脚，哪里是眼睛——所有的动物应该有的细节都已经一一画出，最好要弄清楚，身体的各部分和某一个器官，或者弄清楚画中的其他细节。

当然你也没有必要正式地告诉孩子，现在我们做一个测试吧，这样他不一定可以轻松地完成任务。为了不使孩子对绘画任务产生抵抗情绪，或者为了不使孩子无法准确理解完成任务的要求，不要强迫孩子立刻作画，孩子今天不想画就不画了，不仅仅只有今天可以画画，急什么呢？

当孩子认真画完动物，我们应认真观察他们的作品。我们应该观察什么呢？从图画中我们能知道什么呢？

首先我们要确定动物的类型。

如果孩子画了一个真实存在的动物，说明孩子具有较高的创造力。

如果孩子画的动物是由真实存在的动物的不同部分构成的，说明孩子具有一定的理性思维。

如果孩子画了虚构的动物，或者是画了远古时代的动物（如恐龙）。这有一种可能，孩子的想象力有点贫乏，还有一种可能，他比较懒惰，而为什么会懒惰呢，其原因我们要需要认真思索一下。

如果孩子可以说出测试者提出的任何问题的答案，而且他固执地只想画"真实的"动物，那么建议你去咨询心理学专业工作者。

现在我们来观察孩子作品中动物身体的各个部分。

头是绘画的关键部分。如果孩子没有画动物的头，这是一个需要咨询心理专家的问题。有一句谚语："有一个大脑好，有两个大脑更好。"但如果在孩子的绘画作品中动物长着两个大脑，这不太妙，这种情况表明孩子生活在矛盾重重的环境中。

如果孩子画了很多或非常大的感觉器官，表明孩子比较焦虑。

如果孩子画了大大的耳朵，表明孩子比较焦虑，情绪紧张，还多疑。

孩子画的眼睛也可以告诉我们很多信息。如果在图画中，孩子没有画眼睛，或者画了一双非正常的眼睛，如只画了一个点，或者

画了空心圆（没有瞳孔），这些都是不正常的情况，这充分说明孩子内心恐惧，缺乏安全感，神经衰弱，冲动，抵抗很多的事情或者人，可能是积极抵抗，也可能是消极抵抗，这需要对孩子绘画作品的所有细节做出全面的分析，然后得出相应的结论。

腿是测试孩子生活"稳定"的指标。如果孩子画了很多样子非常真实，却非常大的腿，表示这个孩子需要很大的支持。如果孩子没有画腿，或者画了非常单薄的、瘦弱的腿，并且不稳定，摇摇晃晃的，表明这个孩子在日常生活中经常被迫接受别人的要求，也非常消极，无法解决日常生活中的很多问题，也就是说缺乏社会适应能力。

孩子画的动物的前腿或者人类的手，反映孩子的社会交往成功还是失败，根据这个可以判断画画孩子的友善和开朗程度以及与人交往的能力。孩子如果画了很多动物的前腿，表明孩子缺乏沟通能力；如果孩子画的动物的前腿完全不同，表明孩子和他所画的动物一样，希望避免与自己的同类接触。如果孩子画了非常大的前腿，表明孩子易冲动，不希望与人友好相处，但希望很快能引起他人的注意。如果孩子画的动物长着锋利的爪子，表明他在与人的交流沟通中具有暴力倾向。

如果孩子在画动物时，给动物加了很多装饰，如在兽皮上画了花纹，在动物的头上画了皇冠，画了漂亮的孔雀尾巴等，这些都表明孩子的性格具有示威倾向。现在的孩子都比较浪漫，是未来的梦想家和发明家。

好动的孩子在绘画时，会画一些表现性格的东西，如各种武器、尖的犄角、锋利的爪子，这表明孩子的言语中充满攻击性。如果孩子在自己的作品中画了很多针，或者画了荆棘，这表明孩子在面对危险时，只会采取防御，不会主动"出击"。相反，如果孩子画了鳞状的、披着铠甲的动物，则表明孩子正处在危险中，需要给他更多的关心和爱护。

请注意，如果孩子的作品中出现了伤口、疤痕、可以看到的动物内部器官、血管、眼球，这些表明孩子正承受着巨大的心理痛苦，必须咨询心理专家，寻求他们的帮助。

现在需要我们来分析孩子所叙述的动物的生活方式啦。

如果孩子能够清晰地说明动物的种类和性质，如，他画的动物长着翅膀，孩子会讲，这个动物生活在高大的树上，有时也会在天空盘旋，可以肯定这个孩子的思维具有一定的逻辑性，并且水平较高。但在逻辑中可能会出现一点小失误，如看到长着鳍或者鳞片的动物，却一直在说，这些动物生活在山上。

如果孩子认为图画中的动物孤独地生活，栖息在洞穴里、岩石

上或者其他星球上,这和孩子的生活状态相同——他非常孤独,并且不擅长与人交流沟通。如果在谈话中孩子提道:"有一个家不是容易的事情,家不是谁都可以进入的地方。"这是令人不安的,需要给这样的孩子更多的关心和爱护。

如果孩子有意"安排"自己的动物栖息在奇异的地方,这需要表扬孩子,并需要更加关注孩子。因为要不断地关注和发现孩子的想象力,使他的学识更加渊博。

我非常坦率地告诉你,如果你的孩子为自己的动物选择的栖息地不那么令人愉快,如昏暗的森林角落、非常寒冷的沼泽地,这表明你的孩子的沟通能力存在着问题,或者患有神经机能方面的疾病,如神经官能症。

发明家和梦想家会为你提供一个非常详细的自己的英雄传记。现在需要我们来分析孩子回答"动物吃什么"的答案。如果孩子回答动物吃的食物必须是健康、美味的,那意味着孩子对自己的生活很满意,也很享受这种生活。如果孩子给出的这个问题的答案是完全不能吃的物品,如汽车、石头,说明孩子在沟通方面有问题。让孩子思索食物的来源,并根据你家庭的实际情况为孩子做出具体详细的解释。

更令人担忧的是,如果孩子争辩说,画面上的动物吃的是令人不愉快的东西，如粪便、污物，尤其是他还能讲出详细的、很多吃这些东西的受害者。如果孩子出现这种情况，必须咨询专业的心理工作者，对孩子进行强制性的心理治疗。

如果孩子回答这个问题的答案是它什么都不吃或吃空气、云、回忆等，这个孩子有些过度自恋。

现在我们来关注一下孩子所画动物喜欢做的事情。

首先，要回答动物的兴趣，喜欢做的游戏。

如果孩子回答说，动物经常在找食物，或者不停地干活，说明孩子感觉自己的生活不稳定，生活困难。而正像他自己所感觉的那样，他认为这是由自己的父母造成的，因而孩子要做自己的"英雄"。如果孩子回答说动物不停地睡觉，表明孩子很累，失去了很多的能量，需要及时恢复。

如果孩子画的动物抗议社会规范，抗议自然规则，对家庭价值观不满，如将所有物品都砸碎、吸烟、吸毒、酗酒，这是孩子遭受心理虐待，或者遭受心理侵略的表现，表明孩子正生活在家庭或社会冲突中，如果这种情况比较明显，需要得到专业的心理帮助。

孩子在谈论他所画的动物的朋友和敌人时，会使你得到更翔实的信息。

如果孩子说，动物没有朋友，表明孩子是孤单的。如果孩子将

周围所有人都当作自己的朋友，用孩子的话说，是真正的朋友，这会让人不开心。很明显，孩子的交往能力比较弱。

如果孩子给自己的动物选择了比较凶的、反面人物做朋友——真正让人害怕的人，或者神话故事中的人物，说明这个孩子具有一定的攻击性，或者不愿遵守社会规则。

如果对"动物的敌人是谁"的问题，孩子回答"周围都是敌人"，或者"一个敌人也没有"——这两个答案说明同样的问题，孩子或者公开，或者回避自己在面对攻击行为、危险情况下的害怕与胆怯。如果孩子回答"动物有很多的敌人"，并且可以列举很多这些敌人的名字，或者将真实生活中熟悉的人，像电影主人公一样一一闪过，显然这个孩子的交往能力存在着问题。

如果孩子说，动物害怕很多东西，而他自己害怕一个，并且恐惧感在逐渐降低，这时应带孩子去咨询专业的心理工作者。请你思考孩子恐惧的原因，因为孩子的恐惧都是从不安和担忧开始的。

分析孩子眼中动物的心愿和理想同样也很重要。如果孩子说，动物希望和所有人都非常友好，从这里可以分析孩子的交往能力，而且他的交往能力比较强。如果孩子的结论与他的愿望都是另外一种——"没有敌人"或者"什么都害怕"，表明孩子希望改变自身在交往方面存在的不足。

如果孩子画的动物幻想成为大家都喜欢的那样，很明显，孩子为真实的自己与周围人的期望值存在差别而不安，孩子甚至认为自己在某些时候是"一只白乌鸦"①。

如果孩子画的是小宠物，孩子希望自己能长得高大一些，显然孩子觉得自己的力量还比较弱小，还需要被保护。

"凶恶的动物""幸福的动物""不幸的动物"的测试

在 M.3.杜卡列维奇关于不存在的动物测试与诊断的基础上，列昂尼德·阿布罗维奇·维格勒②对其他的心理测试的方法进行研究，即"凶恶的动物""幸福的动物""不幸的动物"的测试。

"凶恶的动物"的测试，主要是为了发现隐藏在孩子身上的侵略性或忧郁倾向，发现孩子眼中威胁的典型特征。"幸福的动物"的测试，可以获得孩子的价值观和愿望。而"不幸的动物"的测试，可以让我们弄清楚孩子恐惧的特征，在面对危险时，孩子在意识和潜意识里出现的问题。除此之外。"凶恶的动物"和"不幸的动物"的测试，可以较好地弄清孩子抗压力的能力，也可弄清楚目前孩子情绪安全的程度。

---

① 因为白乌鸦数量比较少，所以俄罗斯人将与众不同的人称为白乌鸦。——译者注
② 列昂尼德·阿布罗维奇·维格勒：心理学家，儿童发展心理学的代表人物之一。著有《绘画心理测试》一书。——译者注

为什么我们可以认为，从孩子的绘画中获得的信息是真实的、可靠的，因为画动物可以缓解孩子的焦虑。而在图画纸中画人物，会使孩子担忧。而且按照某些要求画动物，可以让孩子突破束缚，唤醒其想象力。测试中孩子完全是自由的，孩子凭想象力画动物，几乎没有特别的要求，而且也可以测试孩子的情绪。所有这一切都为孩子展示自己丰富的内心世界提供了机会。

当然这种方法用于 3 岁孩子的测试，还为时过早。因为这个年龄段的孩子眼中的任何动物，都是英雄，无论是猫、狗，还是人类，在他们眼中都是一样的，都是头足动物，如同长着腿的小面包。凭借这样的画，所得出的情绪方面的结论，很难有任何差别——要知道，即使给孩子足够的资料，这个年龄段的孩子无法对自己的画做出详细的解释。而对于 6~7 岁的孩子，对做"画动物"的游戏，则非常感兴趣，觉得非常有趣。

如果你的孩子画完自己的不真实存在的动物后，还不觉得厌烦，可以再给他一张纸，鼓励他继续画新的动物：先画"凶恶的动物"，然后是"幸福的动物"和"不幸的动物"，如同第一次测试一样，让孩子给自己画的动物取一个名字，然后让他详细地谈谈自己画的动物。现在我们已经知道如何分析这些画了。

现在让我们比较一下各种不同的画，然后做出诊断，因此我们必须仔细分析不同作品之间传统动物和孩子所画的动物，在外形上存在的不同。

首先，我们先来比较一下凶恶的动物与普通动物的不同。如果孩子画的凶恶的动物不具有攻击性，表明孩子不具有侵略性，或者间接传递一些信息，如孩子讲述这是一种普通的动物，或者相反地，孩子讲述这是外表看起来普通，实际上具有很强的攻击性，总之孩子努力在隐藏着这些内容。

如果这样的特征非常多，特别是用价值中立的态度，用第一张图画与后续的图画相比较，表现特别明显，表明孩子具有暴力倾向。在这种情况下，我们需要特别注意，要想办法制止这种倾向的不断加剧；如果孩子在图画中，画了锋利的牙齿——长着大獠牙的大嘴，表明孩子经常使用语言暴力，或者在实际生活中承受着语言暴力。如果孩子在图画中画的动物长着锋利的爪子，或者持有武器，表明孩子具有暴力倾向或者遭遇过暴力欺负。

请尝试着分析孩子是否害怕自己所画的凶恶的动物：如果孩子可以用清晰、流畅的线条画动物，表明孩子正面临着较大的压力，比较紧张。如果孩子画动物使用的线条不连续，表明孩子面对的压力比较小。

现在我们来分析幸福动物与普通动物的区别。分析这两种不

同类型的动物，可以得知你的孩子的幸福指数、安静和令人满意的程度，要达到孩子自身所期望的幸福，还缺少什么。

如果孩子说，幸福是永远有安全、健康的食物，还要有各种各样的物质财富——很明显，你的孩子对目前自己生活的社会环境失去了信心，或者过于追求物质文化。

如果孩子谈起，动物要防备所有敌人，这表明孩子认为，目前所处的实际环境中，周围的人非常不好，不友善。

如果孩子说，"动物都友善地相处""所有人都喜欢它"，这对孩子来说，感情关系很重要，很有可能他缺乏交流，缺少关注和关爱。如果孩子画了漂亮、聪明的动物，或者有力气还勇敢的动物，表明孩子希望自己成为有价值的人，他想成为年轻的艺术家。如果孩子谈到"幸福的人应该到自己喜欢的地方"，或者"到处生活"，这告诉我们，你的孩子在独立发展方面非常看重自由和自我努力。

如果孩子认为，幸福的动物应该"永远活着"，表明孩子害怕死亡。

如果孩子认为，普通动物与幸福动物之间存在着很大的差异，表明孩子的现实生活环境与理想状态相差太多。相反，如果两种类型的动物之间没有什么区别，表明孩子对目前的生活非常满意。

我们现在来分析一下不幸福的动物与普通动物，比较这个，可以让我们得知有关孩子的忧愁和不安。

如果孩子把不快乐的动物画得非常小，这是孩子忧愁的表现。如果孩子在画的过程中，不断地擦掉，并画了很多阴影，轮廓不清晰，表明孩子目前的状态不好，有抑郁倾向。

如果孩子强调，没有人会喜欢不快乐的动物，很明显，周围的人对孩子缺少热情，缺少关注。

如果孩子说，"动物只是自己独自地生活，没有朋友"，表明孩子不擅长与人交往，或者对自己的性格不满意。

如果孩子说，"动物生病或者死了"，表明孩子觉得自己很弱小，或者此时孩子非常害怕死亡。

如果孩子说，"动物生活得非常困难"，表明孩子没有食物，没有水，没有房子等，也有可能是孩子家中物质生活出现了困难。

如果你的子女不能很清楚地讲明白，自己所画的动物，为何被叫幸福的动物，不能清晰地讲清楚不幸福的原因，表明孩子不能完全了解自我，也不善于管理自己的情绪和感觉。

在本书的这一章，你已经知道了很多观察和分析自己孩子的

个性、情绪和感情的方法。我认为，你愿意开始去读绘画测试的内容，是你可以轻松地"读"自己孩子图画的基础。我认为重要的是，你开始关注自己孩子的内心世界。我相信，你也同意我的这一观点。

第二章
孩子恐惧的秘密

Читаем мысли наших детей

怎么做，才能读懂孩子的心

> 恐惧是如此正常的心理感觉，与开心、惊讶和疼痛一样，恐惧是一种本能的自我保护。在日常生活或工作中，恐惧可以预警危险，可以启动保护系统，可以防止做出轻率和冲动的行为。

我们长大以后，突然明白，童年是人生的黄金时代，童年没有忧愁，没有烦恼。但我们很快就忘记了，"当时的树是大的吗""内心远不是那么平静""发生那么多令人难过的事情，不成功的事情，受人欺负的事情……"当然我们的内心世界开始出现恐惧，我们开始害怕。

现在我们来详细地讲解这些。

恐惧是正常的心理感觉，与开心、惊讶和疼痛一样，恐惧是一种本能的自我保护。在日常生活或工作中，恐惧可以让人感受到危险，可以启动保护系统，可以防止做出轻率和冲动的行为。

恐惧是在有生命危险或受到威胁时，第一时间做出的反应。恐惧主要分为两种类型：死亡和崩溃的人生价值观，包括健康、自我肯定、个人和社会幸福，这种恐惧一直都存在。一方面是面对有形的危险而产生的现实存在的或虚构的恐惧；另一方面是缺乏安全感产生的恐惧。当我们谈论恐惧时，我们应该明白，通常 90% 的恐惧是不存在的，是我们自己幻想出来的。我们担心有些令人恐惧的事情可能会发生，或者理论上会发生，实际上并没有发生。这种担忧，心理学上称为神经质。这种恐惧与真实出现的恐惧不同，是由各种特殊原因引起的，实际上是当事人自己想象出来的。这样的恐惧不但不能帮助我们，甚至可能摧毁我们。如果这种情况发生在孩子身上，一旦他们的大脑产生这样的想法，他们将生活在自己所幻想的、充满恐惧的世界里。这需要成年人来关心他们，并严肃对待这件事。

绝大多数孩子所产生的恐惧都是暂时的，并且其特征与年龄有关。通常情况下，恐惧不会持续很久，它会自行消失，也会被忽视。当然，想方设法不因恐惧而影响孩子的成长，不影响孩子与周围人的正常相处是非常重要的。当面对非常复杂、难以解决的问题时，孩子自身的恐惧持续的时间会长，或者孩子自己感受到许多不同的恐惧，那么孩子会察觉自己在家中处于一种受支配的地位，这会妨碍孩子的正常生活，甚至会改变孩子的性格。

对孩子感受到的恐惧进行分类，年龄是非常重要的因素，甚至还有"分年龄分阶段"的孩子恐惧的划分方法。研究者用3～5年的时间，观察了大量的孩子，发现6～8岁孩子的恐惧感最强烈；家庭生活和社会生活是孩子产生恐惧的主要原因。

这种情况下，照顾孩子和培养孩子，家庭发挥着重要的作用。恐惧有以下情况：

- 孩子生活在心理失常的家庭中，家中不断发生冲突，充满着负面情绪，道德气氛较差，并且这已经成为孩子非常熟悉的场景；

- 孩子的父母过于严格和苛刻，对孩子的态度非常强硬，在这样的情况下孩子害怕爸爸，害怕妈妈，害怕惩罚，害怕出现错误；总之他们很努力，想尽办法让自己成为父母眼中的"优秀孩子"；

- 孩子是独生子女，生活在被过度保护的家庭中，在家中更多地强调孩子的"自我价值"，成年后，孩子认为，自己是精致花瓶中的植物；

- 孩子的妈妈过早参加工作，在所有的社会关系和社会交往中，妈妈是孩子最亲密的人，妈妈会给孩子安全感，如果妈妈与孩子过早地分开，此时孩子在心理上还未准备好，恐惧因此会伴随他很久；

- 如果父母在孩子5~7岁时离异，心理学将5~7岁叫作"斯芬克斯时期"，因缺少父母的同时帮助，孩子在社会团体中容易迷茫，甚至在社会交往中缺少安全感，产生恐惧感；

怎么做，才能读懂孩子的心 | Читаем мысли наших детей

- 孩子出生时，父母的年龄在 35 ~ 40 岁，甚至更晚，这样的孩子的父母患有严重的"失去孩子恐惧症"——因为那么久才等到自己的孩子，给他们带来巨大信心的孩子，相应地他们不希望自己的孩子受到任何的指责；
- 父母自身经常产生各种恐惧的孩子，一方面遗传了恐惧；另一方面在面对真实存在的紧张和恐惧时，孩子会采取与父母相同的方法和步骤。

孩子产生恐惧的原因很复杂，我们必须要认真分析，孩子产生恐惧的原因主要分为两类：

- 患有精神疾病的孩子，这是心理疾病的极端情况，在这里我们不讨论这个问题，神经系统发展较弱的孩子，往往是由于成长过程中过度担忧，过度害怕而产生恐惧；
- 父母行为不当而引发的焦虑，如与孩子年龄不符的恐惧，父母自身的恐惧，不如意的家庭关系，过于严厉的要求，感情冷漠，对孩子过于严酷，等等。

我们的孩子害怕什么

大多数的恐惧、害怕，现在摆在我们孩子的面前：失去妈妈，孤独，凶恶的坏人、敌人，流血，童话和神话中的动物或人物，在我们同样的年龄也都曾出现过。

很多时候不同文化中的具体符号给人们所带来的恐惧，具有很多的共性，存在着相同的规律。孩子早期的恐惧，往往与没有妈妈，害怕黑暗，害怕面前的动物有关。孩子一般在 5～6 岁时开始害怕死亡。

学龄孩子害怕完成作为学生应该完成的任务，青少年害怕自己的行为与社会不符，以及不知如何实现自己的理想，一个典型的两难问题就是，"如何成为大家都希望的那样""如何成为与大家不一样的优秀者"。

虽然我们所讨论的恐惧比较典型，但它们不一定都会在孩子的身上发生，也不一定发生得那么充分，我们需要从孩子的自身状况和恐惧的发生条件，来具体分析和研究。

一个生活在现代社会的孩子，他的成长不仅受到家庭的影响，社会生活也增加了孩子的焦虑。

实际上现在很多孩子的恐惧并不完全来自家庭，对他们产生影响的更多是来自新闻，如自然灾害、事故、灾难以及影片中破坏世界的语言与画面，如《第五元素》《后天》《2012》。21 世纪的孩子有恐惧感，还害怕经济危机，他们害怕父母失去工作，家中没有经济来源，因此情绪不佳，与家人关系紧张。

我们这个时代的孩子还有这样一些心理印记：过度与外界隔离，人际交往过少，与伙伴、成年人的沟通质量较差，结果所有的生活在城市中，尤其是独生子女，生活在父母选择的独立公寓单元房里，生活在父母的严密监视下，逐渐形成"明亮的"黑暗恐惧、孤独；甚至不同的影片和电脑等"怪物"，这些由成年人所创造的产物，正与你分享着，甚至争夺着你的孩子，电脑游戏和恐怖电影不会从天而降，而是由父母带进家门的。过早、过分沉浸于现代化、智能化的游戏，增加了现代孩子的焦虑、惊慌，这些智能化的游戏与自然的、伙伴合作的游戏相比，不利于孩子的创造力的发展，尤其是选择创造的方法和培养毅力方面，损害极大。

因此我们从常见的原因来分析一下孩子恐惧的具体表现——它们从哪里产生，如何走进孩子的心灵，还应该学会努力消除每一个恐惧的方法，不仅要弄清楚如何帮助自己的孩子，还要明白在具体的情境下，哪些事情父母是不可以做的。

因为尖锐的声音、急剧变化的情景都会让孩子产生恐惧，甚至恐惧有时会突然出现。新生儿最先产生这些恐惧，孩子应对恐怖的声音，肌肉会发生反应，孩子们会退缩，把手抬高，眨眼睛，或者相反地，他们开始不断地眨眼睛，所有这些都是孩子在本能地保护自己。最令人不安的是，如果孩子长期处于高压状态下的原因是妈妈过世了，或者妈妈怀孕期间长期处于高压状态下。这样的孩子会处于高于普通孩子标准很多的高紧张状态下，尤其在无关紧要的小事情上、明亮光线照射下、有响亮的声音时会更加严重。在这种情况下，我们该怎么做呢？

作为预防措施，建议妈妈做好怀孕的计划，选择合适的时间，避免可预见的、可控制的不利因素，如考试、争吵、搬迁等，在怀孕期间，所有家庭成员和周围的人应设法保护准妈妈，使她保持良好的心情，不要让她不开心。小宝宝出生后，家庭必须确保他的基本要求，并清楚地意识到：如果仅仅关心宝宝的饮食和睡眠还不够，"良好的家庭情感氛围，轻松有趣的人际关系，快乐的妈妈"，比这些更重要，要知道孩子可以感觉到父母的焦虑，尤其是妈妈的焦虑，这些因素中后两者的作用非常大，但是往往被我们低估，被我们忽视，我们也低估了因感情冷淡，致使孩子的不安和焦虑更为严重，并造成一个恶性循环：无情的父亲更加关注自身的情绪、自身的问题，而"问题孩子"因为年龄小，"没有情绪"而被忽视，他们每天面对的是忙得筋疲力尽的、焦虑的成年人。

害怕失去妈妈

害怕失去妈妈是新生儿产生其他恐惧的基础。从某种意义上

来说，这种恐惧伴随我们一生，但通常在某种意识的边缘或某种关键时刻突然发生，但对小孩子来说，1岁之前这种恐惧比其他年龄更为明显，其高峰值大约出现在婴儿7~9个月时。在这一时期，婴儿对一切都表现得极其敏感，其主要原因来自妈妈的离开。这时孩子追逐妈妈的一颦一笑，说话的语调、目光，他关注着妈妈的每一个面部表情和手势，这一切对于孩子来说，如同空气一样不可缺少。如果这一段时间妈妈不在身边，宝贝会哭闹，变得心烦意乱，无法正常睡觉，不能正常进食。这个时候妈妈若离开孩子，不在自己孩子身边的话，非常不利于孩子成长，这会使孩子一生中都会产生不确定的信息，觉得妈妈不会经常在自己身边，不知道什么时候就会离开自己。

随着时间的流逝，一切都会发生变化，婴儿的成长过程中又会出现新的问题，又会遇到新的挑战。当婴儿开始探索世界，这时伴随而来的是婴儿出现了新的生存本能——行走。这种恐惧逐渐地丧失现实性，这大约在婴儿14个月左右，他会逐渐明白，妈妈会因各种原因暂时与自己分开，不会时时刻刻与自己在一起，也会同意妈妈暂时离开，也逐渐开始明白，妈妈暂时离开自己，不在自己身边并不可怕，因为妈妈永远属于自己。

如果在这一时期（8~14个月），婴儿还未形成这样的想法、意识，但必须与妈妈暂时分开，这样孩子产生焦虑的可能性非常大，这种恐惧会伴随孩子的一生，成为他的一种性格，并成为在他心灵中产生各种不同的恐惧的源泉。

那么这时我们应该做什么呢？

预防措施是显而易见的：妈妈需要从自身、家庭的整体情况出发，做好自己的人生计划，在这个关键时期不要与自己的孩子分开，并给孩子足够的信心：妈妈永远和他在一起，并永远爱他，否则这种恐惧会伴随孩子的一生。

其实神经特别紧张，"令人讨厌的""纠缠不休的"熊孩子和其他所有孩子一样，只是在幼年时期，他们没有得到所有孩子都应有的一切，在未来的人生中他们经常不断地要检讨"爱与不爱""可靠与不可靠"的问题。长大后的孩子不仅会成为父母，还会成为合作伙伴、婚姻伴侣，很多孩子在这方面要持续很长一段时间。

但是如果孩子已经形成了这种恐惧，那么唯一可以帮助孩子的方法是给孩子足够的温暖，并且应给孩子更多的时间、更多的关注和爱心，最重要的是不要混淆正确的、科学的教育原则，要弄清"一切以孩子为中心"与溺爱的区别。

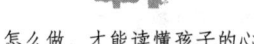

害怕孤独

年幼的孩子因无助而产生的恐惧，因害怕孤独而产生的恐惧，要大于年长者。孩子害怕孤独的主要原因是缺少支持，缺少亲人。

害怕孤独是最常见的一种恐惧，它的峰值在孩子的2～3岁，这种恐惧男孩小于女孩。

当孩子自己一个人时，他会感觉到自己的脆弱和无助，危险的场景和危险的人物出现，因为想象力较弱和较少的生活经验，他们还不能给"大千世界"做出清晰的评价，因为他们未曾经历的新的人和事，都吸引着他们，他们也会因此而感到害怕。

需要注意的是，现代城市孩子经常独自生活在自己想象的世界里，因此缺乏经常性的人际交往和有效的沟通，他们的惊慌要远远高于父母那一代人，也高于自己的同龄人。要知道，如果孩子有充分的时间和机会与同龄人交往、沟通，害怕与孤独就不会频繁地拜访孩子。

但是成年人过度地接触、过度地保护，不利于孩子建立自己的保护心理。因为这样，难以在孩子成长的过程中，培养他们的自信心，致使孩子在"可怕的"世界中没有自卫能力，在没有成年人支持和帮助的情况下无法面对危险，自己会手足无措。

于是孩子由于害怕，而失去了探索未知的喜悦。

此时我们需要做什么呢？

当然，预防孩子产生这种恐惧的最好办法是让孩子充分地与其他孩子交往，而这样做并不是将孩子送到幼儿园，这不是仅有的一种方法。父母或者亲人应经常带孩子去公共场所，如儿童游乐园、广场、儿童发展中心等。最好的方法是，邀请其他孩子到家里做客，你也带着自己的孩子去朋友家做客——让孩子形成社会生活的概念。

如果孩子已经形成了这种恐惧感，那必须最大限度地降低孩子所承受的压力，来自成年人的过度关心、监管要降到最低点，并要努力扩大孩子的交往世界，尤其是孩子的人际交往范围。

故事或者幻想的生物

早晨起床后，5岁的孩子和成年人一样，仍然不是很清醒，有时还没有区分出梦境与现实。因为孩子生活在自己的童话世界、动物世界中，孩子周围的世界到处都是童话、动画的内容，因而2～6岁的孩子生活在文艺作品的世界中，他们与电视、电脑游戏更为亲切，形成了一个特殊的人群——"古怪的人"。

年纪非常小的孩子通常生活在一个童话般的梦境中，而且特别容易受童话、动画片中人物的影响。当孩子到了能感受到恐惧的年龄（一般在两岁之后），这时孩子的心理在此方面开始变得复杂，脑海中开始形成丰富的、想象中的生物。

一般来说，第一次走进孩子梦境中的恐惧，都是传统的样子，如，狼、不死的科谢依①等，或者是一些经常出现在动画片中，与孩子同步成长的人物。而且非常奇怪的是，如果成年人发现这些形象后，认为这是可以接受的，那么这些形象一定是男性角色。如果孩子经常梦见这些人物，表明这个孩子可能与父亲的关系不融洽，爸爸可能过于严苛，脾气暴躁。

如果3～4岁的孩子在梦中经常梦见各种女性形象，如俄罗斯民间故事中的凶恶的老妖婆、女巫等，这说明孩子与妈妈的关系存在着问题。

任何出现在孩子梦境中的"可怕的客人"，无论是文艺作品中的侵略性的符号，还是现实生活中的恐吓，都像前面我们已经指出的那样，产生这些恐惧主要是孩子的父母对他们过于严苛，对孩子的感情过于冷淡，或者父母的脾气过大，孩子意想不到的惩罚会随时发生。

然而我们必须明白，虽然一般不会出现相同的梦境，但因父母

---

① 不死的科谢依：俄罗斯民间故事中的人物，是一个拥有宝藏和长生不老秘诀，骨瘦如柴的凶狠恶毒老人。——译者注

语言不当而产生的可怕场景，却会不断地出现在孩子的心中，并随之很多孩子会自己幻想出来可怕的人物和场景。

此时，我们应该做什么呢？

如果孩子只是偶尔在夜间出现害怕的情况，爸爸妈妈只需要抱抱孩子，把孩子抱在怀里，让孩子知道爸爸妈妈在他身边，与他在一起。当然在任何情况下，不要取笑孩子，更不要讽刺孩子，因为你的讽刺会让孩子的心灵产生消极情绪。

为了使可怕的人物或动物不再出现在孩子的梦境中，需要你的冷静、善良与爱抚。如果孩子经常梦见可怕的人物或动物，需要父母在睡前给孩子更多的温暖，给孩子更多的爱抚，当然更为重要的是白天父母对孩子要更加温柔。

一个非常重要的因素是为孩子建立合理的生活作息时间，适当的但不是过度的适合孩子的运动游戏、合理的人际交往，在孩子睡前要设法减轻他的紧张情绪，减少容易引起孩子兴奋的各种活动的数量，降低活动的强度。而白天，在大自然中做有利于孩子睡眠的游戏与活动，这样的一天被称为"游戏中心""娱乐中心"，而这些都有利于减轻孩子的紧张感。这样做，可以使孩子晚饭后不会太迟入睡。而且不能让孩子单独在通风良好的、非常安静的房间里睡觉，而父母却在隔壁的房间里看惊悚片。

然而恐怖的人物或动物并不一定只在晚上"出来"恐吓孩子：大约在孩子想象力发展的高峰期（4～5岁），这些可怕的生物会从黑暗中"走出来"，孩子甚至在大白天也会害怕。总而言之，可怕的生物，像倒过来的父母（这种情况下，一般来说，父母与孩子的关系都非常融洽，父母对孩子都非常友善），或者是父母的一部分（这就是我们所说的"影子"）。这是孩子自己不能去识别的，也是孩子不想弄清楚的。要知道，无论如何，每一个孩子都宁愿相信：父母是好的，父母都非常关心自己。

此时，我们需要做什么呢？

4～5岁的孩子已经可以很好地运用语言和形象艺术，因此童话疗法、绘画疗法，都是非常有效的方法，当然还包括游戏疗法。

如果孩子害怕某个人，那么让孩子画出来，并让孩子把肖像送给他，"讨好"他，和他做朋友，也可能相反，可以非常庄严地烧毁这幅画，借助这种仪式，把有利于孩子成长的信息保留在孩子的心灵中，最终摆脱让孩子害怕的入侵者。我们要明白，选择何种治疗方法和何种治疗策略，一般要与孩子商量。

你还可以与孩子一同想一个故事，或者一起玩玩具，故事情节或玩耍的情节均为凶恶的生物被孩子制服，变成善良的生物，或者想出一个方案，最终的胜利属于令人恐惧的、古怪的生物，其实这不是一个积极的做法,有时孩子们会用吵架、战斗、通过武器来建立友谊。

父母与孩子一同构思有关勇士的故事,最好由爸爸和孩子一同完成,其前提是爸爸在孩子眼中是勇敢、强壮的人,并且孩子与爸爸的关系非常好。

而有些时候你什么都无须去做,因为有时奇怪的、可怕的生物是可以利用的。在任何时候都不能吓唬孩子,请你认真处理孩子的恐惧、惊慌,在处理孩子的事情时不要耍花招。这些建议你必须认真听,不然的话,你会加深孩子的惊慌、恐惧,并且这种惊慌和恐惧会在孩子心中存在很久。大概我们早已知道,如果孩子不断地尖叫,主要是因为妈妈无法"安抚"他,或者妈妈因难以忍受而吓唬他们:再不安静的话,巫婆或者某些可怕的大怪兽就来啦!非常有趣的是,在某些时候,这种方法暂时还是有效的。如果孩子还很小,还不能了解成年人的这种"承诺",是一种讹诈和欺骗,然而这场胜利付出的代价太大了!当他长大后,形成自己稳定的心理后,就不会再相信你,然后会频繁地采用这样的方法与你相处,你经常会听到孩子对你讲,"如果你……那么我就……"。敏感的、神经质的孩子则很快就记住你的话,在不远的将来,你将会面临新的挑战:帮助孩子治疗恐惧,甚至要治疗因此而产生的神经衰弱症。

你要告诉孩子，任何时候令人讨厌的生物都有可能出现，但同时你还应告诉他，爸爸妈妈为他准备了无限的力量，他有能力可以自由地与不好的人、伤害和恐惧"战斗"，使自己变得更好，而不会受到惩罚，这一切都是父母默许的。你需要不断地思考，如何做才能使孩子形成正常的心理。

除此之外，你决不能服从孩子采用的这样的"战术"：任何的恐惧都会影响孩子的行为，并伴随着歇斯底里的成分。任何一种歇斯底里都有可能成为孩子"威胁"父母的把柄，他们会以此来要挟父母，借以达到自己的目的，或者得到一个"安慰奖"。总之，父母自己不能给自己制造难题。

经常受到恐吓的孩子可能会失去正常的生活，如安静地睡觉，按时吃饭，没有成年人陪伴独自在房间里，你难道不应该为及时阻止了孩子的不良行为而高兴吗？要知道，安静的孩子与因经常受到恐吓而怯懦的孩子的确存在着差异。发展较好的孩子在他很小的时候就可以很好地控制自己的行为。

恐惧陌生人

第一次因别人的出现而产生恐惧，是在孩子的心理已经发展到一定程度，可以把人分为"我们的""自己的""亲切的""亲人"和"别人"，这大约发生在孩子8个月左右。这个时期的婴儿看到陌生人会哭泣，甚至见到较少来家里的亲人也如此。尽管这个陌生人是好人，妈妈会竭力尝试让孩子相信这个人，孩子依然会哭泣，甚至会要求妈妈一刻也不许离开自己，要在自己的身边照顾自己。

几乎所有的孩子都会产生这种恐惧，并且持续时间不会很久。1岁左右，婴儿开始积极、主动地认识自己周围的世界，这种恐惧会逐渐消失，他开始学习认识新的人。然而并不总是这样的：有时他们会因与人交往而焦虑，持续很长时间，并固定下来，逐渐就成为人的性格。为什么会这样呢？因孩子的警惕性是继承父母的，如父母比较封闭，不与外界接触，比较谨慎。

当孩子出现以下情况时，因害怕陌生人，孩子的情绪会发生波动：第一次入托，第一次进小学读书……总之，当他们独自与更大的世界接触，他们的交际圈不可避免要扩展时，大多数孩子很快会适应新的环境和新的人群，但有些孩子无法做到这一点。原因很简单，因为这取决于孩子的家庭环境和父母交往的特点。

在这种情况下，你应该做什么呢？或者你应该避免做什么呢？

当然针对目前实际存在的危险，你必须针对以下情况做出合

理的保护,马路上的车水马龙,大型凶猛的动物,在工地和工厂做游戏,成年人咄咄逼人的态度,陌生人提供的搭便车或陌生人提供的糖果,爱抚别人家的小狗,我们提起这些信息时不要夸张,不要让孩子产生"这个世界处处是危险的"印象。我们要根据孩子的年龄,用他们可以接受、可以明白的语言来讲解。最关键、最主要的要注意度。我们要将孩子培养成理性的、谨慎的人,而不是把正在成长的孩子培养成神经过敏、偏执的人,不应让孩子成为这个可怕的、冷酷的世界的牺牲品。

我想再次谈谈明知后果不佳却故意为之的情况,不要以教育孩子为借口,恐吓他们,如警察,如果你歪曲了他们原有的守法、执法的形象,否定了他们在执法体系中的正面意义,无形中你就阻止了孩子与警察群体合作的意识与可能性,在未来,若遇到紧急情况,你的孩子可能不会向警察求助。

害怕动物

孩子因动物而产生的恐惧有时非常奇怪,孩子们有时会害怕可爱的、不伤害人的小动物,这种恐惧通常发生在2~3岁左右。如果在这个阶段孩子周围的人不能帮助他克服因不熟悉的动物而引起的担忧,则这种担忧会在孩子心灵中生根发芽,在他们5~7

岁时达到顶峰，甚至陪伴孩子一生。

这种恐惧一般都是由与动物接触的失败而造成的，或者由成年人、亲人或比自己大的孩子，与其分享了自身对动物的恐惧而产生。这会直接对孩子加以暗示（看到狗要立刻离开），这要比孩子直接从父母那获得"经验"更加有效，比在危险面前观察父母的表情、手势更有效；比联想面对危险父母快速"逃跑"更加有效，当然电视节目和成年人在某些角落里的谈话——"这个这么可怕呀"也无形中为孩子形成恐惧做出了一点小"贡献"。

如果你的孩子出现这样的情况，你应该做什么呢？哪些事情你不可以做呢？

重要的是，你必须从自己开始，逐渐调整自己的恐惧，否则你会将这个包袱转给孩子。请你思考一下，难道你真的希望这样吗？我们需要培养孩子在不熟悉的动物面前非常理智，即向孩子灌输基本的安全技能：不挑逗动物，不向动物拼命挥手，不用木棍指向动物，看到动物不要跑，或者不会对4条腿的动物产生恐惧。

如果发现孩子已经出现因动物而恐惧的问题，那么设法让孩子与它们"做朋友"。为了很好地消除恐惧，我们可以采用以下方法：把它们画出来，想一个与它有关的故事和游戏，父母要经常观察孩子的行为，发现他们存在的问题后，要及时帮助孩子解决

问题。重要的是，不要因为恐惧而嘲笑孩子，不要因孩子出现恐惧心理时，而叫孩子"胆小鬼"，尤其不能在公共场所，在其他人面前为这个嘲笑孩子，在孩子心中，这种耻辱是难以忘记，难以消除的。也不能和孩子讲，其他的小朋友没有恐惧，所以父母不责备他，这样的做法不但不正确，只能使孩子的情绪更糟。

害怕医生和医院，害怕疼痛和血

这是一种非常常见的恐惧，一般来说，孩子在2～3岁时会产生这样的恐惧。

很多有这种恐惧经历的孩子，往往会有焦虑的父母，他们自己在"穿白大褂的人"面前非常担忧。其实我们已经知道，孩子会吸收所有来自父母那儿的恐惧和担忧，这样父母带孩子去儿科进行常规检查，或者接受常规治疗，如打疫苗、吸入疗法或者包扎等，都被孩子当成非常复杂的医疗程序，孩子的行为非常好地解释了谚语——少数服从多数。

此时父母应该做什么呢？应该避免哪些行为呢？

最重要的是，在带孩子去看医生的前一天，不要在孩子面前制造紧张感，不要在孩子面前与朋友和亲人谈论医生的"不靠谱行为"，不要谈论所有所谓的"不幸的治疗情景"。如果你认为孩子听不懂这些，或者听不到这些，这是不可能的！即使你个人对此所采取的消极态度，也不要欺骗孩子"医生什么也不会做的"，而这时孩子可能会问你："那为什么还要去看医生？"

正确的做法是，父母应平静地告诉自己的孩子，去诊所、医院就医、看医生，就像徒步旅行，去杂货店购买日用品，去商店购买衣服一样，这是成年人和孩子生活的一部分，为了让自己幸福、强壮、快乐，需要定期去医院体检，需要定期去看医生。

如果在医院，你的孩子看到咆哮的"难兄难弟"，并且为了不哭出声，而噘嘴，这时最好的方法是让孩子完成一个光荣的任务——教父母"学会不害怕"，引导他们忘记"不幸"，或者让孩子与小朋友一起玩耍，尤其是与善于交往，具有一定交往能力的小朋友一起做游戏，这样的"救星"很快就可以帮助你的孩子忘记自己的困境。

现在我想再解释一下，孩子经常受到恐吓时，遇到这种问题——看医生或者治疗时，告诉孩子"听话，再不听话，在屁股上打针"，你该怎么办呢？

通常在孩子得到较好的治疗后，你会告诉孩子，"你看，打针后什么都好啦"。但如果孩子不幸患了比感冒更加严重的疾病，你该怎么办呢？

我非常想知道,当父母采用了这些"教育方式"时,事先你没有仔细想想吗?你没有仔细想想这样做的后果吗?

害怕死亡

与其他的恐惧相比,这种恐惧发生得较晚,一般在孩子 5～7 岁时产生,也是众多恐惧中给孩子带来压力最大的一种。通常情况下,孩子第一次对死亡产生恐惧,是因为孩子看到亲人或身边的人死亡。致使孩子产生对死亡的恐惧,一般是在生活中发生与此直接有关的事情,如看到亲人的死亡,参加亲属的葬礼,或者家中心爱的宠物的死亡,电视新闻中报道的灾难的受害者,电影中喜欢的人物的死亡,等等。产生对死亡的恐惧,是因为孩子意识到生命具有周期性,也明白了要面临身体不可避免地发生着变化,成长—衰老—死亡,必须接受这种现实。在这种情况下,对死亡的恐惧是孩子长大的一个标志、一个信号,他对生命的想法与感受进入到一个新的高度。

正因如此,高年级的学龄孩子会思考,人们能活多长时间和他们自己可以活多久的问题,在这段时间里,孩子会经常这样讲:"妈妈,你永远不会死的,因为我长大了,我就能让你和我一起永远活着!"

孩子经常梦见自己死了，人们在为他准备葬礼，尤其是在实际生活中孩子亲眼见到的葬礼，对他的影响更大，幻想在危险的情况下，结束自己的生命，如"狮子把我吃掉了""强盗打死我了"，等等。

孩子长大后，他们会逐渐梦见表明自己在世界上地位的象征和家中最重要的亲人的形象，如，童年时就去世的妈妈。在梦中孩子会与死去的亲人谈话、交流。其实这样的梦境未必永远使孩子产生恐惧，例如，在梦中死去的奶奶会很亲切地与孩子交谈。一般来说，孩子在梦中与已经不在世的亲人的交流吓醒后才会感到害怕，而且通常情况下，这时父母一定不止一次地跟孩子强调："这种梦，非常不好！"这时孩子才开始害怕这些。

因为死亡而产生的恐惧，由此会产生其他的恐惧，如害怕、受欺负、战争、大自然灾害等，要知道这些会直接威胁人类的生命，因此孩子还会对另外的世界的代表产生恐惧，如外星人、吸血鬼、幽灵以及其他不死的形象，这些形象都是伴随着令人讨厌的事件出现的，都是让人感觉不舒服的。

如果你的孩子遇到了对死亡的恐惧，你该怎么办？

最正确的方法，也是最常用的方法，就是等待。给孩子时间，等待孩子学会接受"游戏规则"：这个星球上活生生的生物生存的规

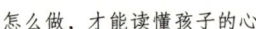

则。如果有可能，请在这段时间避免让孩子接触这些：电影中外表过于难看的人物，家庭中的吵闹，医院就医，与孩子谈论疲劳和死亡，尤其是要避免与孩子进行有关"生活是多么可怕的"谈话。

或迟或早，孩子对死亡的恐惧逐渐减轻，这种恐惧会逐渐远离孩子的生活，并失去其现实意义和紧迫性。到现在为止，有关孩子恐惧的问题，父母应该平静地和他谈谈：害怕对任何人来说是不可避免的，不会很快发生这种情况——我家的宝贝会和自己的亲人，一起快乐、幸福地生活很久。

总之我们要采取积极的方法告诉自己的孩子，与目前他所担忧的死亡相比，他的生活前景会更加光明，更加有趣。除此之外，父母要告诉孩子，所有的疾病并不意味着死亡，为了让孩子更好地理解这个，可以告诉孩子一个具体的例子：娜斯佳阿姨最近生病了，但已经痊愈；你和你们幼儿园的小朋友有时也会生病，但你们现在都很健康。

但有一种情况比较复杂，不好解决。在孩子产生恐惧的期间，恰好孩子的亲人因某种原因濒临死亡，在这种情况下，你可能需要儿童心理专家的帮助。

害怕黑暗

这种恐惧一般在孩子两岁左右时会出现,并会持续很长一段时间,几乎持续到少年时代。

对黑暗的恐惧在某种程度上是害怕死亡的反应和产物,也是不再恐惧死亡的原因之一,因为黑暗势力可以消失。对黑暗的恐惧在某种程度上是无法控制的、无意识的和潜在性的,但具有一定的危险性。

一般情况下,因黑暗而产生的恐惧,与幻想的故事中的人物有直接关系,因为它们生活在黑暗中,生活在想象中,在黑暗中它们最难防卫。

你应该做些什么呢?哪些你又是不可以做的呢?

第一,父母不能用自己的行为激起新的恐惧,不能用将孩子自己一个人锁在黑暗的房间里或者浴室里的方法来惩罚他们。因为这样的方法只能直接使孩子与父母的关系恶化,并制造恐惧(如,有限框架恐惧症——害怕在密闭的空间里)。

第二,需要让孩子舒服地入睡。晚上让孩子平躺在床上,睡前尽量不做可让他过分激动的运动和游戏,不要让他大声喊叫,不要让孩子一个人在黑暗的房间里睡觉。睡前可给孩子读优美的童话(没有怪物、没有危险),拥抱一下孩子。在孩子没有入睡时，父母用半小时时间陪他们，则不会让孩子整夜在噩梦中与"怪物"战斗。

然而，在你面临很多困难时，最明智的办法是请求儿童心理学家的专业帮助。

害怕火

我们作为21世界的人类，在一定程度上仍是动物，虽然我们已经处于文明的顶点，但是现在，我们仍然会因为火而产生恐惧。火是一种危险的完美体现，也是我们人类不可控制的因素。然而这种恐惧是有可控性的，可降低危险和保护孩子。

当孩子面临真实的精神创伤，正经历着因创伤而产生的冲突——如看到真正的火灾，火正逐渐靠近自己，并严重烧伤自己，这是因为害怕火——火已经成为灾难的助手。在这种情况下，恐惧会超出合理的边缘，超出理性范畴，甚至当孩子看到打火机都会因害怕而大喊大叫。

如何应对这种恐惧呢？

最好的方法是平静地解释，火是善良的，可以使用的——火是光，火是有益的。当然，还要告诉孩子，世界上有火灾，也有火山爆发，但是炉子上的火，可以煮一顿大餐，火可以让我们很愉快地享受美食，愉快地歌唱，火炬可以帮助人们在黑暗中不迷失方向。

因"达标"产生的恐惧

这是最后的、最常见的和最重要的儿童恐惧。它最早出现在上学的年龄，在两个时刻达到最高峰：入学时和努力适应新的社会环境时。随着年龄的增长，最重要的是自我认同。第一类需要解决的问题，第一时间需要解决的问题，是为满足父母和老师的期望需要做什么。要满足自己的第一社会角色——学习者应该做什么，如每个人都有哪些责任，这不仅仅是想不想的问题，而是我们必须承担的责任。

简单地讲，这种恐惧是这样的：如果说学龄前孩子所产生的恐惧是基于本能，而在学校中产生的恐惧，具有社会性质。因此很明显，当孩子在 6~8 岁时，他所受到的伤害属于第一级别，在这个年龄阶段，这种伤害具有一定的现实意义，但不必担忧，因为很快第二级别的恐惧就会出现。

一年级小朋友不断努力做事，希望因此而获得关注、尊重、谅解，他非常希望获得高的社会地位，这取决于孩子追求的目标，如"成为最好"或者至少"不是最差的"。更重要的是，在这个年龄

孩子已经有自我的判断力，这也成为焦虑和恐惧的来源，如惭愧、上课迟到而引起的不愉快，未完成功课，得到不太好的评价，当前的自我评价，等等。产生恐惧的原因越来越多，然而孩子的心灵变得越来越强大，孩子逐渐学会应对焦虑，并可以提前预防，可以克服它们。

如果孩子因为"不达标"而产生巨大的恐惧，我们应该做什么呢？

重要的是，不要赋予超越孩子承受能力的道德责任，不要强加给他压力，不要推卸失败的责任，也不要走向另一个极端——放纵、溺爱孩子。当然，这样做，可以最大限度地减轻自己的压力、恐惧，但这会让孩子逐渐形成不负责任的性格。在这个问题上保持两者的平衡非常重要，尝试做"不强迫孩子"的父母，或许培养了完全没有良心的孩子，或许培养了"没有问题的"孩子；另外，渴望自己的孩子成为生活的佼佼者的父母，他们用完美主义的方法来培养自己的孩子，他们无法接受孩子按照自己的本性生活的事实，因为他们要培养的是获得"奥林匹克奖章"的孩子，或者"神童"，而不是生活丰富多彩的孩子。

在孩子进入学校读书的第一年，父母不应过度关注学校责任。因为虽然孩子成功对你来说很重要，但这并不会对孩子的美好未来构成威胁，孩子完全可以应对这些。父母不需要，也不应该与孩子谈论教师和工作人员的优点和缺点，更不要与孩子一起共享你自己"可怕的"童年。最好的、最积极的方法是讲述可以帮助、支持孩子的案例，你可以讲如何处理错综复杂的问题，怎么帮助朋友，或者朋友怎么帮助你，换句话来说，你主要的任务不是塑造一个完全符合学校"标准的"孩子形象，以致 11 岁了，孩子哪里都去不了，缺乏独自处理自己生活的能力，而应该让孩子明白并形成很多观点，如"学校是不断学习新东西并可交朋友的地方"。

父母不要只能接受孩子的高分，不要强制要求孩子成为"天空中的星星"（明星）。野心膨胀的父母很少甚至无法帮助孩子获得学习的乐趣，虽然在父母的强迫下孩子不止一次获得第一名，但这两者之间，即主动与被迫，存在着巨大的差异。除此之外，过度的要求、过度的抱怨，使孩子形成新的恐惧——对自己家庭的失望，孩子很快就被父母培养成"令人失望"的孩子——内心充满焦虑。如果让孩子形成"无论做什么事情，你必须拿第一名"的观点，就会迫使你的孩子与同龄人分开，让他成为不断抱怨、骄傲自大的人，而周围的人也不会喜欢他。

如果你的孩子暂时失利，也不要经常恐吓他，不要惩罚得了 2 分的孩子，而应帮他弄清楚暂时失败的原因，功课是否有遗漏的，是否有不明白的地方，或者让他选择合适的词汇与朋友交流。如果可以的话，你可以与孩子分享你是如何应对困难，解决困难的，这不但不会降低你在孩子心目中的威信，相反，这样可以让孩子知道，你是孩子的大后方，你一如既往地支持和了解他们，更重要的是，孩子们会意识到你可以在任何僵局、任何不利的情况下，找到解决问题的方法，不管这些问题有多么难解决。

成长阶段会出现的其他恐惧

虽然在童年阶段出现的恐惧，大多数都是一个固有的、短暂的现象，有时恐惧是一种标签，尽早发现问题，可以尽早解决，这非常重要。因此要了解不同的恐惧，要注意观察恐惧的"风吹草动"，这是非常重要的。

我们先来介绍因纠缠不休而产生的恐惧——恐惧症，这是在神经系统中产生的恐惧（神经官能症），少数情况下可以发展为精神分裂症。恐惧症是由极度害怕引发的，孩子自己无法控制，也无法克服，有时甚至无法解释其原因，最常见的引发恐惧症的原因是：害怕传染某种疾病，惧怕死亡，害怕公开演讲，害怕公开的或者密闭的空间。在大多数情况下，恐惧症的产生与具体的创伤有关，这些创伤与恐惧系统紧密相连。恐惧症与普通的恐惧之间存在着差异，两者发生反应的程度不同。普通的恐惧是一种担心，是非常简单的，面对紧张情况的反应；恐惧症是因为孩子发现事情不正常，却无法做任何事情，无法应对。

我们知道还有另外一种恐惧，叫过高评价恐惧。这与恐惧症不同，孩子可以讲清楚恐惧究竟是什么，为什么害怕。其实我们已经知道了，很多完全正常的孩子也会出现这样的担忧，当孩子感到害怕时，他们害怕的几乎是世界上不存在的人或物。而且随着年龄的增加，孩子们的这种担心不但没有消失，反而不断增加，可惜家长们却没有对这种现象的本质有所警觉，仅仅关心，甚至是过度地关心孩子们害怕的程度、强度和发生的频率等。这种情况是典型的神经型疾病，通常是由于家庭内部关系不和谐造成的。

还有一种"危险的恐惧"——妄想症恐惧：可以感受的、无法解释的、隐藏着不可见的恐吓，是一种经常不断产生焦虑、戒备心理、胆怯和痛苦的感觉，与恐惧症、呓语的差异性不大，它的出现与"平坦的地面"没有任何明显的区别，由此产生的后果比较难以调整，通常也是产生严重的心理障碍的信号，最大的可能性是患精神分裂症。妄想症产生的恐惧，一般包括幻想被害、被毒死、不断受到机械物的攻击等。

接下来，我们谈谈另一个令人不安的症状——恐慌，它也是最为强烈和持久的，可以持续几个小时。一般而言，恐慌是在面对不确定性的攻击、危险时产生的一种恐惧。与孩子的妄想恐惧不同，这种恐惧无法非常清楚地解释，他为什么害怕，害怕什么，但他却害怕得要命。这种恐慌与恐惧症不同，没有办法确切地知道它发生的具体时间以及具体的地点，只是在正常的学习、工作中发生心理失败而引起的。恐慌持续发生，会造成大脑活动障碍和部分机体产生疾病。

我们已经用相当多的精力来关注黑暗恐惧症，虽然存在着很大差异。但实际上它们往往发生在睡梦中。大约2%～3%的孩子"体验"过夜的恐惧：通常女孩是男孩的两倍左右。它通常是这样的，熟睡的孩子突然开始害怕，大声哭喊，说梦到了可怕的人或者事情，并一定要找到妈妈。但并不是所有的黑暗恐惧症均如此。很多时候孩子睡醒后，完全不知道自己做梦了。早晨起床后，孩子经常记不得曾经发生让自己那么害怕的事情，但是第二天晚上这样的事情再次发生，这种恐惧可能会困扰孩子很长一段时间，这时会使安静的行为变成困扰自己的沉重包袱。

这种恐惧是由于现实生活中长久处于紧张状态所造成的，其后果会使孩子患神经官能症，或者有轻微脑功能障碍，这会妨碍大脑的正常机能发展。

父母如何面对这里我们所描绘的破坏性过于强大的恐惧呢？

首先，对于初学者，不要尝试自己做出诊断，不要擅自给孩子贴上"异常的"标签。最正确的方法是咨询神经病专家或心理学家。要知道如果出现警告的信号过多的话，那你不要幻想自己可以解决所有问题。所有涉及孩子健康的问题，越早采取行动越好，越有利于孩子的健康成长。在孩子发生危险的情况下，一定要借助于专业人员的帮助，只有医生彻底检查，并和同事集体商议后，才会为你的孩子做出诊断结果，并指出你和孩子未来的发展趋势。

一旦你的担心被专业人员所证实，请你不要惊慌，不要放弃你的孩子，一定要相信孩子。因为他爱你，并寄希望于你的爱、支持与理解。因为你会无条件地接受孩子所有的一切。

孩子如何战胜恐惧

现在我们已经对恐惧了解很多了。最重要的是，我们了解这些知识与理论的目的是什么。

我们可以尝试一下这些规则：

怎么做，才能读懂孩子的心 | Читаем мысли наших детей

合理地选择教育方法

重要的是父母要考虑孩子的特点、性格、发展条件、兴趣和能力，而不是不由自主地想"书中如何写的"或者"合乎标准的"，教育孩子需要适当地要求，需要合适的影响方法，需要理性地看待孩子的感情，不要试图采用打骂和恐吓的方法惩罚他们。这样做似乎可以解决当时的问题，却给今后的教育埋下巨大隐患，你无法控制孩子，因此你应采用言传身教的方法。

任何一个孩子，如果被你的爱和关怀所"摧残"，那么他就难以应付神经系统的超负荷运载，他就会越来越恐惧。

给孩子提供充分的交流和展示自己情绪的机会

为了使孩子得到充分发展，不仅仅只需要丰富的、价格昂贵的玩具和巨额的教育投入；不仅仅只有优质课程与优秀的教师；不仅仅参与各种体育比赛或去美丽的度假胜地旅游。对孩子来说，7岁以下的孩子最重要的是做游戏；而对大一些的孩子来说，与人交流和在人群中寻找自己的位置更为重要。为了这个，孩子周围需要有这样的人：名副其实的、可以长期接触的同龄人和成年人，既能不断地结识新朋友，又可以经常见到老朋友……孩子们需要的是与同龄人一起尽情地奔跑，与朋友们在院子里踢足球，而不仅仅是在运动场上，在教练的监督下训练。孩子需要在户外大量地呼吸新鲜空气，而不是被隔离在房间里接受所谓的"早期开发"。

战胜恐惧最有效的办法，包括散步、运动、交友、骑自行车或在湖里游泳，特别是如果父母赞成、支持和参与孩子的活动，与孩子有共同的爱好，而不是为他们制造危险的源泉——"再跑？再跑，我就拧断你的脖子！"

要想战胜恐惧，需要从自己开始，而不是从孩子开始

孩子就是我们自己情绪的镜子，孩子最大程度地继承了我们的"遗产"——从我们自身"学会"了恐惧。如果爸爸或妈妈缺少自信和安全感，并且焦虑，那么很有可能，他们的孩子很快也会出现同样的问题。

另一个减少恐惧的因素是拒绝，拒绝对孩子过于谨小慎微的保护，拒绝对孩子的过度保护。要知道这样培养的孩子不仅会形成恐惧，而且家中亲人的过度保护，也会造成孩子高焦虑的性格特征，如同人的性格特征一样，这会陪伴孩子一生。

要知道一个稳定而健康的家庭是多么重要

对一个孩子来说，拥有一个稳定的、可靠的和可预测的家庭及

其所有成员是非常重要的。如果从成年人的视角来看，发生这样的事情也许是一种解脱：因为妈妈要上班，所以孩子过早与妈妈分开；因为一个家庭的解体，孩子要与爸爸分离。家庭成员的情绪不稳定，或者家庭成员因忙于做自己的事情，疏于陪伴孩子，都会使孩子担忧，逐渐形成恐惧。婴儿开始明白，周围的世界变化太快了，周围的一切在任何时候都有发生底朝上倾覆的可能性，昨天周围的人都面带微笑地看着我，现在他们却都在哭泣，并仇恨地看着我；昨天家中所有的亲人都生活在一起，今天所有人都分开了，就像水银珠一样不知滚向了何处。我们承认，成人的生活的确很不容易，但对一个孩子来说，这一切是他们无法忍受的负荷。因此，对孩子来说，可靠的、平和的、慈爱的父母是他们平静生活的榜样，更关键的是，爸爸是孩子的保护者。相反，如果妈妈和爸爸脾气火爆，家庭生活中不断出现各种事端；或者爸爸妈妈不屑教育孩子，不屑与孩子接触，孩子根本没有一个可以依靠的人，也是导致恐惧的原因。

如果家庭生活的气氛非常沉重，家庭成员的关系陷入僵局——当然这个家庭也不会"为孩子着想而去维护家庭的"，这时孩子的需要就变为最小，也不被家人重视。与其说孩子们需要一个完整的家庭，不如说他们需要一个"货真价实"的家。孩子是非常敏感的，因此不真实的、做作的、勉强"维持家庭"，不但不是孩子需要的，而且会让孩子更加痛苦，孩子比家长还痛苦，只是孩子没有和你讲而已。

如果孩子害怕，他不应该受到嘲笑，指责和处罚

恐惧和悲伤——这是孩子的一种权利，他们至今不能够应付这些，这不是孩子的错。这一切绝不是乐趣，不应该成为家庭幽默的借口。因此，一个受到惊吓的孩子不应受任何的惩罚。当然也不能为了所谓的"教育目的"将自己的孩子与其他孩子进行比较，而其教育目的又比较愚蠢，因为要教育自己的孩子"永远不要害怕"。请不要经常训斥孩子，请不要经常恐吓孩子，经常训斥和恐吓孩子只会把事情搞砸。

通常，随着时间的推移，所有的儿童恐惧会逐渐自行消失，请你想想，你有看到少年害怕巫婆的情况吗？当然开玩笑除外。在成年人的支持下，在与成年人的交往中得到关注、理解和支持，是解决孩子焦虑最容易的方法。

第三章
为什么孩子会哭

Читаем мысли наших детей

怎么做，才能读懂孩子的心

事实上，孩子的神经系统非常脆弱，所以他们很快会觉得筋疲力尽，因为这个原因，孩子很容易因各种人——陌生的和熟悉的，以及我们这里所探讨的身体疲劳和情绪超载而大声哭泣。

本书的这一章,我们将回答"孩子哭的原因是什么"的问题,当然也会回答,"孩子哭的目的是什么"和"谁会哭"的问题。

然而,孩子的哭声在父母的大脑中不是关键问题。只是当孩子开始大哭,哭声像铃声一般,并且孩子开始歇斯底里,或者孩子因为受到欺负,而号啕大哭,这时进入我们大脑的第一想法是,什么原因使孩子又流泪啦?而最重要的是,如何尽快阻止孩子哭泣,并确保不会再发生这样的事情。

要回答这些问题,我们必须学会理解孩子的哭泣;我们要探讨这种语言的一些经验教训。

那么,为什么婴儿会哭泣,我们应如何应对呢?

第一个原因是对"不舒服生活"的诉苦——在心理上的不适。

研究孩子的眼泪由此开始——新生儿的第一滴眼泪,这是每个孩子哭泣的开始,我们应先努力将这个弄清楚。

新生婴儿的眼泪,这是他们所有一切的开始,尽力弄清这种眼泪产生的原因最为重要:孩子在生活中如果不舒服,以及其他任何让他受到损失、受到委屈的"借口",都是在威胁孩子的安全。

因此,早期的眼泪——新生儿的眼泪,是由于与妈妈分开而产生。刚刚出生的婴儿因为出生而叫喊,因为现实世界的不完美而哭泣。在婴儿周围的是医生和护士,婴儿需要他们,但不喜欢他们做的事情:洗澡、量体重、量身高和把自己裹在襁褓里。但要知道,小家伙完全不需要这个:他需要的是和妈妈的有效沟通——要妈妈的怀抱,要与妈妈肌肤接触,要听到这熟悉的声音——妈妈的说话声和心跳声。即使从医院回家后,这也没有发生变化,他们大部分的时间不是和妈妈在一起,而是在床上,甚至常常自己在一个单独的房间里,婴儿经常自己待着,他并没有得到足够的爱与温暖。

抵达不熟悉的世界,孩子还无法坚信、预测和等待,还不能接受这样的事实——妈妈迟早会离开自己。要知道孩子们生活在不美好的环境中,这个世界也是完全相同的——也是不美好的,那么生活中就没有什么美好值得等待。如果世界是孩子的敌人,那么所有的美好,必将通过战斗才能得到。怎么办?当然,只能借助哭声——因为婴儿能做的只有这件事。我认为,任性的婴儿事实上在抗议人为安排的生活——他们不满意生活。在很多国家和地区的风俗中是不允许这样人为地隔离母亲和孩子的,在婴儿出生后的一年中,母亲是不会离开孩子去工作的,因此孩子更健康,不存在任何心理问题。

合乎孩子成长规律的过程中——妈妈要花费所有的时间亲手照顾自己的孩子,或者经常亲近他,让孩子在任何时候都可以得到妈妈的关注与帮助。

然而,现代世界提供了足够的先进产品。学步车代替孩子的自由行走;儿童车代替了摇篮;独立的婴儿床取代了妈妈的陪伴;奶粉代替了妈妈的母乳;安抚奶嘴代替了母亲的怀抱——而所有这一切的改变孩子都没有来得及适应,因为没有一个人能够适应这100年来发生的如此快速的变化。

所以,如果妈妈在宝宝出生后立即与他分开,从第一个月开始将一个哭泣的宝宝留在单独的房间里,以"培养"他养成独立的性格。孩子会一直哭,不安静,变化无常,这是因为孩子希望引起亲人的关注。而你要明白的是,这一行为定型后,将陪伴孩子的一生:形成自己良好的感觉,需要很多人的关心和照顾。如果你得到这一切,陪伴你的是贫穷和不幸,让别人同情你、可怜你,就是因为在童年时没有得到足够的爱、足够的温暖,成年后因此而不断地抱怨和投诉,或者一次又一次地处于困境中。

所以，如果你希望自己的孩子平安、幸福，非常友善，非常轻松地生活，那么请不要把他们当作试验品"发射"到竞争的天空，不要要求他们必须战胜对手，如同战胜敌人一样，如同要驯服野兽一样！请不要要求他们用自己的意志力进行比较，然后要求他们必须得出结论——"谁一定会战胜谁"。

真正成为令人讨厌的、任性的孩子，很多时候并不是那些"被父母极度宠爱，在父母手心里长大的孩子"，而是没有得到父母足够爱的孩子，或者父母在教育子女意见不统一时的孩子，父母教育子女的方法从一个极端走向另一个极端的孩子。

请你记住，孩子不能缺少父母的爱，父母的爱有助于帮助他认识世界、探索世界。如果妈妈的生活比较消极，比较被动，生活方式比较有限，不去参加任何聚会，或者只在电视机前"聚会"，既不散步，也不听音乐，也不读书，更不会发展自己，不会让自己不断发生新的变化，那你会让你的孩子产生这样的印象——生活是灰色的，是没有意思的。这种情况，你的孩子不可避免地过着一种不安静的生活，不断地抱怨，他们试图复制妈妈的生活画面，我们要让孩子振作起来，让他们去体验生活的多姿多彩。不过，这样的妈妈培养的孩子很少能够达到目标：很多现代的父母在面对这样的信息时几乎无动于衷，如孩子经常提出的毫无道理的愿望和要求,还有一些非常少的人希望改变自己的生活等——因为父母也无力去处理这些了。

所以,你要在孩子童年初期就尽可能给你的孩子更多的关注,他们在相信世界,相信父母的氛围中成长,并让他们坚信,父母一直在他们的身边陪伴着他们。这意味着没有意义的胡思乱想不会来纠缠他们,因为他们不需要不断地接受"测试",接受考试,因为博览世界更有趣。

下一个哭泣的原因——身体不适

孩子的尖叫告诉我们,他的身体不正常或者不舒服:感觉冷或热,周围有嘈杂的声音。因为这个原因,孩子开始哭泣,因为你没有立即想办法解决孩子的不舒服,他的哭声越来越大。只要孩子因为不舒服,觉得自己已经"不是我自己"了,他就会开始慢慢地用小声哭泣来表达不满,如果这时我们没有听到,孩子就会开始悲伤,然后开始大声地尖叫。

如果孩子开始哭了起来,需要弄清楚他哭泣的原因,这是最重要的:孩子的尿布中尿液过多;孩子感觉自己太冷或者他们觉得太热了;躺得不舒服,不能翻身——要知道健康的孩子很少有吵闹

| 怎么做，才能读懂孩子的心 | Читаем мысли наших детей

的情况。

因饥饿而哭是孩子最为常见的哭泣理由

进食是人类正常的生理过程，因此，如果孩子产生了进食的需要，孩子立即会产生渴望吃东西的愿望。孩子因为饥饿而大声哭喊的情况非常多。例如，孩子吃不到足够的奶，哺乳期因妈妈的原因，或者孩子迅速长大，母乳在 2～3 天内无法满足孩子的需求，这种情况经常会发生。

除此之外，错误的喂养方式是婴儿因饥饿而频繁哭泣的原因。牛奶与妈妈的母乳存在很大的差异。牛奶是一种液体，没有足够的营养，它不应是孩子成长的第一需要，而母乳含有孩子成长足够的营养，而且在哺乳时，孩子与妈妈最紧密地接触在一起，这也是孩子最需要的爱。如果妈妈的母乳不足，或者妈妈喂奶的时间不足——孩子只能喝牛奶，因为营养跟不上，孩子很快就会觉得饿。牛奶的口感也能导致孩子放弃它，宁愿饿肚子。通常情况下，如果母亲吸烟、使用医用药物、咖啡等，会使孩子身体产生各种反应，所以如果你的孩子产生这样的反应，请你不要再接触这些东西了。

身体疲劳和情绪超载而引起的哭泣

我们成年人，一般都会认为孩子们不会做任何事情，他们怎么会感觉累呢？事实上，孩子的神经系统非常脆弱，所以他们很快会觉得筋疲力尽，因为这个原因，孩子很容易因接触各种人——陌生的和熟悉的，以及我们这里所探讨的身体疲劳和情绪超载而大声哭泣。为了避免这种情况，父母需要妥善地规划孩子的一天：如果白天让孩子做了过多的事情，晚上他必定要歇斯底里，这是不可避免。而且体育活动通常不会产生这种疲劳，但也不能过度运动。

孩子感到疼痛或者生病

因疼痛而产生的叫声与其他声音有很大的区别——这不是啜泣声，而是强烈、刺耳的声音，几乎是尖叫。出现这种情况，父母必须采取行动，年纪越小的孩子越应如此，应马上带孩子去医院看医生，咨询医生的专业治疗。与因疼痛而哭泣的孩子比较相似，在这种情况下需要合理改善孩子原来的饮食习惯和睡眠习惯，不然孩子会很快地消瘦下去。父母应该让孩子躺得比较舒服，轻轻地，

不时地抚摩孩子，听从儿科医生的意见，按时给孩子服用治疗疼痛的药物，一般来讲，3个月后孩子因疼痛而哭喊的问题会自行解决。

乱发脾气

孩子由此产生的哭泣，在这里我们只探讨1周岁之前发生的。因为孩子3岁左右这种哭泣完全演变为一种新的类型——并非由于身体不适而哭泣，而是由于精神方面的原因引发哭泣。这种哭泣对孩子的身体有害，在孩子3周岁左右达到高峰并发生急剧变化。如果某些事情没有符合孩子的意愿——他会大发脾气，包括孩子经常会发出仿佛电视剧制作者做出的专业级别的声音，如在地板上摩擦发出刺耳的声音，用拳头敲桌子，或者向父母扔东西，到处乱扔东西……我们成年人很少有人会有如此强大的精力，从头到尾平静地"观赏"完这场"演出"，但无须解释，无须提示，仔细观察后，你会发现，这场"精彩"的演出，只为你一个人准备！如果为了孩子的未来，为了孩子的健康与幸福，你不希望孩子在这方面耍花招，那你必须终止孩子的这种行为，不能让这种行为在孩子的心灵中定型。

因此在孩子发脾气时，你应采取正确的措施：改变一下孩子所处的环境，带孩子离开他发脾气的地方，让他喝点水，冷静一下，这时你不要试图"教育"孩子，如果孩子正在歇斯底里时，请你不要幻想对他进行有效的批评，这些必须等到孩子恢复正常之后再去做。这时你不去过度关注孩子最为重要，不要让孩子的坏行为破坏了你的美好心情，也不要让你失去理智。如果孩子缺少足够的关注与关心，他们会一次又一次地歇斯底里，以此来满足自己合理的或者不合理的愿望。我们没有多余的精力与孩子交换意见，也没有精力去惩罚孩子，但如果你认为此时惩罚孩子很有必要，那请你不要歇斯底里地处理问题：你的反应越强烈，孩子的潜意识里就越希望与你对抗，从而不断地发脾气。冷静和合乎情理是我们所需要的一切。真的，并非所有违反常规的举动都是心理问题，也并非所有违反常规的举动都是神经系统的问题，但是很显然，孩子是上天送给我们的天使，我们能够通过自己的努力来教育他们。

童年的悲剧

我们这里谈论的孩子的哭泣，是真实的，但这些眼泪有真情的流露，也有虚情假意——有时父母偶然发现孩子的痛苦。如果家

里给孩子安全感，让他觉得温暖，孩子遇到不愉快、不开心的事情一定会跑过来找他的父母，寻求父母的帮助。不幸的是在我们眼中，在成人和孩子的认知中总是不一致的，相差很远。在你看来是微不足道的小事，但对孩子而言就是天大的灾难。孩子认为，灾难可以是这些内容：丢失了喜爱的玩具，与朋友争吵，有时是更严峻的考验，例如，家里的宠物死掉了，好朋友搬到另外的城市……这些时候，你只需要让孩子哭泣，因为这是可以让孩子长大，可以净化他们灵魂的哭泣。在这种情况下，如果去安慰孩子，说"这没有什么可害怕的"，既没有意义，也不理智，甚至是残酷的——这在贬低孩子的痛苦。正确的做法是，拥抱孩子，告诉他，对于这样的事情，你与他一样感同身受，你明白他的感情，明白他所说的话，可以让孩子大声说出自己的感受，让孩子变得轻松一些。

第四章
我们的孩子在玩什么

Читаем мысли наших детей

怎么做,才能读懂孩子的心

　　让孩子选择一个自认为像自己的角色。我们给孩子买的玩具一般外形比较固定,因为我们在购买时会强迫自己去选择比较常见的形象,我们似乎希望孩子知道这些"主人公"的传统品质。

我们的孩子在选择自己最喜爱的玩具时，永远不会是一个随机性的行为，他们有自己的需求，有自身潜意识的反应。

一般来说，孩子第一个喜欢的玩具通常是软的、温暖的、舒适的小动物，孩子第一眼看到这个玩具时，期望以此来代替不能24小时都陪伴自己的妈妈。但在妈妈缺席的情况下，孩子期望得到应该得到的，却无法得到妈妈的温情，其实孩子只需要妈妈抱抱。因为没有妈妈的拥抱，所以他们需要毛茸茸的朋友，于是有孩子选择熊"代替妈妈"，而有的孩子选择狗，有的孩子选择兔子。为什么会这样？让我们试着来分析，因为这样可以帮助你理解他们喜欢的宠物的优点和缺点。

让孩子选择一个自认为像自己的角色。我们给孩子买的玩具一般外形比较固定，因为我们在购买时会强迫自己去选择比较常见的形象，我们似乎希望孩子知道这些"主人公"的传统品质。

所以，如果孩子选择了狗，他被认为具有仁慈、勇敢、开朗、重

情义的美德，这些品质恰好是父母希望孩子应该具有的品质，因此父母在各种动物中为孩子选择了狗，并买下来。另外，这样的孩子一般对问题都一知半解，坚强、自信，但变动性较大，会轻而易举地受到别人的影响。

如果孩子选择了兔子，通常孩子听话、文静、温柔，而这些品质恰好是喜爱孩子的慈爱父母、亲戚打算培养孩子的优点。但也有可能是孩子比较害羞、焦虑、胆小，非常依赖家庭，尤其是依赖妈妈。

孩子们特别喜欢泰迪熊，顺便说一下，这是孩子最喜欢的玩具之一，是世界各地最常见的软的"男朋友"，孩子所喜欢的宠物，至少是从精神层面上可以分为强大的和坚硬的。另外，这种划分在精神层面的含义经常存在，也许并不能时常让孩子控制自己的负面情绪，而且这与"引导"没有任何关系。如果孩子真的生气了，那请他继续吧。

如果孩子非常喜欢小猫，他会是一个温柔的、深情的、聪明伶俐的、有趣的孩子，总是试图捍卫其自主性和独立性，并比较自我。这样的孩子很少屈服于成年人的压力，但它会积极地抗议，然后默默地按自己的想法做一切事情。

如果孩子喜欢刺猬，那他的性格会有些不正常，他要保护周围的世界，但内心却柔弱，要知道，刺猬坚硬的刺下面隐藏着一个温柔的腹部。

那些喜欢鸟的孩子，一般都活泼、开朗、健谈，擅长与人交流和沟通——但也有可能是肤浅和轻浮的。孩子喜欢的鸟是孔雀或鸡，还暗示着他的性格中有示威性或者抗议性的成分，他的愿望是永远成为被其他人关注的中心。

女孩子通常喜欢娃娃，她们几乎不喜欢动物，也不喜欢宠物，对她们而言，与朋友的关系才是重要的，她们通常会有很多朋友，女孩善于思考，在不同的年龄都很温柔。另外，这样的女孩习惯于依赖他人的意见，比较脆弱。

男孩最喜欢的玩具有时会是汽车，但这不是孩子心灵上的朋友，而只是他喜欢的一个应用程序而已。这些孩子活泼、好动、精力充沛，非常喜欢技术方面的工作，但往往精神不集中，容易分心、容易被不同的事物所吸引，多动，不善于沟通。

为什么选择玩具对 2～4 岁的儿童如此重要？为什么这可以给成年人关注孩子的情绪提供如此丰富的信息呢？事实上，孩子和他们的父母是从丰富的民间传说中得到动物图像的含义，这是由我们的祖先几个世纪以来积累的经验。基于这些，孩子选择自己的伙伴，精神上亲近的伙伴，而对于年龄小的孩子只在意父母的选择，在意是谁买的 22 个熊宝宝，却丝毫没有在意这些熊的象征意义。父母却经常无法理解孩子的选择：在这么多的熊中，为什么孩子却选了只刺猬，和它睡在一起，并喂它吃东西。

年龄较大的孩子选择玩具，已经不仅仅取决于情感的偏好，还受性别的影响：一旦女孩开始意识到自己属于女性，而男孩意识到自己属于男性，这是从玩具分类开始的。女孩选择穿着漂亮裙子的娃娃，喜欢娃娃屋、餐具、家具、医生治病和学校的游戏等，也就是说，通过游戏来学习新的角色，即女性在社会中承担的传统角色。男孩更喜欢构造模型（拼装玩具）和机器，喜欢机器人、玩具士兵、各种武器，学习男性在传统社会中的角色。

然而男孩和女孩的玩具差异，以及男孩的家中武器玩具的数量与女孩家中娃娃的种类，在他们的成长过程中发挥着巨大的作用。

对男孩有害的游戏

首先，让我们来谈谈对男孩有害的游戏。我们首先从传统游戏武器和虚拟游戏计算机游戏"射击"破坏性的相似点谈起。

战争的计划和保卫者，这是存在于男孩的遗传记忆中的，不可避免地包括武器在内。不过，最本质、最重要的是他的武器是什么样子的和是否适合孩子玩耍。首先，武器天然地具有两种功能——进攻和防御。如果孩子喜欢表现出攻击行为，最初的进攻，从左边射击，还是从右边射击，没有原因的，但他必须在某一时刻停下来，变换行为，想方设法做战争的保护者，而不是侵略者，这些主要是孩子从童话故事、电影和生活中的榜样学来的。我们——孩子的父母，为了可以和孩子一同成长，必须有效地给他们解释"什么是好的和什么是坏的"：毕竟，你还可以从其他地方获得这个问题的答案，并可以清晰地给孩子加以解释，不是仅仅从电视中获得答案，对吧？我们的孩子从电视和电脑中学习了很多东西，这些都与社会道德规范的距离很远，有些甚至是人类社会发展中不受欢迎的：侵略，崇拜的权力，以"可以实现所有的自我价值"为目标的模式，可以满足个人所有需要的态度来看待这个世界。

除此之外，武器是各种各样的，富有幻想的，有些妈妈会认为，手枪是孩子从童年开始通向杀手的途径，但生活还没有证实，如果在侵略与完全符合社会道德之间加以平衡，那么父母该如何寻找理性的办法来实现二者之间的平衡。装有子弹的手枪，可以伤害别人，必须要把子弹卸下来；但水枪在炎热的夏日里可以用来浇朋友、亲人全身的水——这是完全允许的消遣。目标射击是一个很好的想法：这不仅可以满足孩子的兴趣，还可以从中获利——比如，将体育比赛放在社区的首位。从周围的物品中寻找一切可以利用的物品，围绕"不伤害"的原则，或者你可以给孩子画一个射击用的靶子：重要的是选择一种活动，可以唤醒孩子的热情和减少他们的"英雄气魄"。如向附近的汽车射击，没有什么兴趣：因为汽车很大，任何人都可以射中，而且车主也可以听到射击声，对他的耳朵有害。射中了小树杈或者用白粉笔画在树上的记号，在伙伴中才有威信——因为这需要敏锐的目光和一定的技巧。然而，更重要的是要告诉孩子，必须严格遵守规定：不许向动物射击，无论是周围的孩子，还是猫，甚至还有蚂蚁。

我们的孩子在院子里可以玩什么呢？往往是玩"战争游戏"，这很好。战斗的角色扮演的游戏，阐明战术、形成战略、相互作用的技能和发泄攻击性，都可以产生健康的能量：毕竟在狂热的和平主义和绝对的"不抵抗邪恶的暴力行为"环境中抚养一个孩子，他会落入一个非常困难的境地。

还有重要的一点——不要以"男孩子应该有的"为借口，从孩子出生就把武器玩具强加给孩子。当孩子表现出对武器玩具的兴趣，并希望得到这样的礼物时，那你的家庭成员应该讨论一下，问问孩子是否可以接受一定的条件，例如，可以拥有武器玩具，但一定不能伤害别人，如果可以，那么满足他的要求。但完全禁止孩子玩任何武器则没有必要，因为禁果是这样甜美，通常你可以改变孩子和长时间地培养孩子的兴趣，其实所有的孩子都需要教育，如同孩子生病要医治一样。

关于计算机游戏，更加容易。在有"射击游戏"的每一个家庭中，都会允许孩子参与游戏，这些游戏的出现与大人有关，事实上并不是风把它们带入房间，带入家庭。家里或者爸爸在玩游戏，或者叔叔在玩游戏，或者是哥哥在玩游戏，甚至全家都在玩游戏——而孩子只是模仿了成年人的行为。如果父母真的反对类似的游戏，即使在"周围的人都在玩游戏"的情况下，也能够证明他们的立场——家庭不是游戏生活的地方。

最后，不可容忍男孩有目的地发展自己的攻击性。如果孩子并不具有侵略性因素和明显的表现，却鼓励他发展这一性格特征，是极其不慎重的。小伙子都将成为一个战士，没有人会让自己受到侮辱。如果此时你还不停止这种鼓励，如果你不及时教育孩子，他将像牛头梗一样善战——因此你的儿子也将成为迈克·泰森。

换句话说，具有侵略性的孩子，心态特别不稳定，需要用所有的力量来帮助和教育他，但应该在"一个和平的道路"上进行——最好是一项运动,而绝不是权力。当然,没有必要购买大量的武器玩具,父母可以使用计算机游戏,要发挥它的积极作用。你会发现,即使父母没有送给他们武器玩具,他们自己也没有提出要求。

孩子有多种兴趣爱好是非常重要的,在这种情况下,在"战争游戏"之后孩子可以很快地切换角色,转到其他非常重要的事情中,更重要的是,将孩子从整天玩电子游戏、无所事事的状态中解救出来,可以转变他那无可救药的心理状态。

对女孩危险的游戏

现在我们来谈谈我们的女孩子。

女孩们主要的陷阱是一个个虚拟的"女性"模型,如各种各样的芭比娃娃、布拉茨等。主要的游戏玩法是为这些人购买更多的东西,尤其给它们购买更多的时髦衣服。危险来自这些娃娃:它们帮助女孩形成对世界的看法和迫使她们养成了"买买买"的生活模式。长大后的女孩以这样的生活理念,走进成年人的世界,狂热地购买衣服,没有这些,似乎就永远无法享受幸福。第二个令人不愉快的是芭比娃娃的完美体形,是女性通过整形获得非天生的理想身材的模板，即我们所谈论的"人为所施加的美丽标准"。上苍赐给女性最时髦的外貌，最靓丽的外形：苗条、令人喜爱的脸庞。如果没有这些呢？外表如同漂亮的芭比娃娃一样，被惯坏的女孩，被宠坏的女孩，能够接受住青春期的荷尔蒙风暴吗？长大之后的女孩生活在以女性美貌为评价指标的世界，在这个世界里所有的爱慕者都源于女性的漂亮外表，这时你告诉女儿，几年后丑小鸭会变成白天鹅，她未必会相信了。如果女孩的身材不是那么高挑，如果她的声音不是那么动听，如果她的皮肤不是那么好，这对女孩子而言，不亚于人间悲剧。

真的，女孩喜欢芭比娃娃的情况与男孩喜欢手枪是一样的道理：如果女孩的生活中没有其他任何的爱好，只痴迷芭比娃娃——这同样也是一个问题。如果同样的女孩有广泛的兴趣和爱好，而喜欢芭比娃娃，只是她所喜爱的众多活动之一，那么不会伤害女孩，当然，父母也不需要为此担心。或者相反，父母禁止女儿购买这样的芭比娃娃，因为当所有女孩子都有，而她却没有，小女孩会感到委屈、难过，因此女孩开始坐立不安，所有的想法都是从做白日梦开始的。

第五章
孩子的梦可以告诉我们什么

Читаем мысли наших детей

怎么做，才能读懂孩子的心

当你自己"扮演"梦境分析师解释、分析自己孩子的梦境，会比你尝试破译自己的梦境更容易。此外，父母要养成积极倾听孩子谈话的习惯，掌握分析他们的思想和情感的技能和技巧，在这方面更重要的是为了培养孩子的与众不同，父母应该教会孩子对感情和情绪的理解，使孩子们的生活和谐。

我们在学校读书时就知道 20 世纪著名的科学家、梦想理论的创始人，精神分析学派之父西格蒙德·弗洛伊德提出并证实梦的理论。该理论认为，在梦中我们都走进了内在现实，这是我们人类本身所固有的，是一种潜意识。后来这一理论被心理学家卡尔·荣格[①]不断研究，并加以发展，逐步完善，他提出了集体潜意识的概念——在概括总结了我们祖先有关梦境的经验之后提出的独特概念——我们的梦境与祖先相似。

要知道，在弗洛伊德和荣格进行研究的几千年人类发展史上已经产生梦境，但毫无疑问，他们一直在努力寻找出现梦境的源泉，并期望弄清楚改变关于人类自身的主要信息，关键是我们能够准确地读取这些信息吗？

在所有的文化中，都有人用各种方法从最初的人类实践的源头来解释和分析人类的梦境。

---

① 卡尔·荣格：瑞士心理学家，创立了荣格人格分析心理学理论。——译者注

例如，梦的第一表征之一表现在，因外部因素——如声、光、触摸等，作用于人类的感官而产生梦。原则上，这样的理论有一定的道理：在不同因素的影响下，例如在满月的时候，月亮的光或熟睡在我们身上的猫，可以让我们做各种稀奇古怪的梦。另外，无论是否存在影响因素，人类也会做梦，因为即使在绝对的寂静和黑暗中，梦想仍然会"来到"我们的大脑里。

另一个梦的来源的更古老版本认为，因身体的不适，人类才会做梦：不舒服的睡眠姿势，麻木的手或脚，呼吸急促。当然，这些是解释噩梦最自然、常见的原因。事实上，这样的解释是有一定道理的——另外，一个不舒服的睡眠姿势也可能会导致做梦，但是不舒服的睡眠姿势不一定总是梦见坏事。

另一种解释梦的理论认为，人类的梦会重复出现。然而所有曾经出现过的梦境，所有在梦境中出现的故事情节，我们在真实的环境中都无法亲眼看到，也无法读到，无法听到。

根据第四概念，梦境是人类身体机能在休息。事实上有特例的，科学家在20世纪证明，睡眠中存在着所谓的"快速"或"不正常"，在睡眠中重复做梦4～5次，大脑就会像电脑一样剧烈运转，特别清醒，眼球也不停地转动，但是眼睛却是紧闭着的。

我们不能说，所有这些版本都是站不住脚的：最可能的是，它们被认为是不完整和需要补充的。然而，在弗洛伊德的概念出现之前，几乎没有合乎逻辑的梦的起源的解释和看法。

为了达到这个目的，出现了很多关于圆梦的古书，书中都在解释、说明梦境，并证明梦境的意义。

例如，《东方之梦》一书用其他语言和词汇解释睡眠的和谐问题。传说中，一个首领梦见一座巨大的山，因为"山"与"胜利"谐音，梦醒后他将山改名为"胜利"，由此大臣预测他在战斗中一定会获胜。很难说解释梦想的这一原则究竟是何种传统，也无处查找首领在战斗中战果的实际状态，但梦中的这种暗示却根深蒂固。这种解释的最大缺点是，用语言和方言非常清晰地诠释梦境和对梦境的依赖，但只限于方言使用的地区。

众所周知的欧洲的梦想书籍，是与众不同的比喻符号的集合。每个符号都有其自己的某些价值，人类社会就是这样一代又一代地传承下来。并根据时代精神定期更新并产生新的诠释。根据梦里存在的"符号"，我们对此的解释就如同读一本漫画书。与漫画比喻的本质相同，图片所表达的含义，你可以用文字来书写，可以用不同的"字幕"来诠释，可以根据人们所使用的圆梦的古书来加以判断，这样的解释可能会使梦境面目全非。所以，人们认为，梦中出现狗，是朋友的象征，而猫是敌人的象征，但这些动物在孩子

的梦中出现则正常,只是因为这些小动物与孩子一起在家里生活,孩子头脑中充满了它们的印象。

因此,我们可以发现,用于解释梦境的都是个别元素,却没有将所有的元素连接在一起,并创建一个共有的图片——解释谱系。此外,一个符号会否定另一个符号,使它们具有相反的意思,这样梦境解释就变得毫无意义了。

如何用精神分析的理论来分析梦

在各种不同的解析梦的书籍中,弗洛伊德的理论可分析梦的状态、梦的程度和在梦中人的潜意识。睡眠之间的相互作用的图像是我们的"心理空间",我知道这是现在不是作为"奇异"的大脑,以及对如何工作的潜意识的好处的认识。

那么在我们的梦境中,这些因素相互发挥着什么样的作用呢?

第一,在理论视野中潜意识不是一律都出现在幻想中,也出现在我们的梦境中,然而这是一种感情的反映,精神层面的反映——给我们的解释带来了很多的重要信息,因此如果孩子记得自己梦中发生的事情,你已经听到了详细的故事,那么应该尝试深入分析其本质,孩子值得你去仔细研究。

在梦中出现的问题，都源于自身意识状态无法容忍某些问题。例如，孩子和自己所爱的妈妈发生冲突；孩子惧怕承认恐惧；孩子用尽自己的力量积极参与活动，却失败了；孩子无法实现梦想。

但很多纠缠在一起，杂乱无章的梦境的解释，是人物、时间、地点的浓缩，是把它们混合在一个完全的统一体中，但把纠缠在一起的这些信息厘清却不是那么容易：必须找到将这些个别因素结合在一起的原因，这样才能"读懂"它们。

弗洛伊德并非无缘无故地将梦称为"潜意识路上的女皇"，要知道在梦中我们进入事实的内部，也就是我们个性的边缘，而同样重要的人物，但它也充满了图像的"意象"，外部现实的无意识的原型物体，潜意识中的榜样，这些都来自自身的内部世界：爸爸、妈妈、姐姐、弟弟、朋友。

这些元素开始形成个性，这些性格特征从童年就开始形成，随后伴随着人的一生。每一种榜样都有自身的形态——肯定的或者否定的，这可判断出人与真实目标的关系。

那样的"意象"在潜意识中并不多见，不会多于10个，而大多数为两个，这取决于孩子经常交往的，在孩子的实际生活中具有重要意义的人的数量。所有这些都源于一个共同的源头——孩子的第一印象——确切地说，或者说，最后都缩小为爸爸、妈妈的

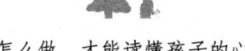

| 怎么做，才能读懂孩子的心 | Читаем мысли наших детей

样子，他们可以代替所有的人。

与"原型"的关系会影射到人们梦中还记得的人物形象，或在类似他们所说的现实生活中存在的某些事物：高级职位的授权。这在精神分析中称为替代对象转移。

越是处于弱势的孩子的心理，则越是有"带负电荷"意象的心理包袱。而且从表面来看，与父母的关系不一定都不好；有时会有内在的紧张，或者矛盾心理。孩子花太多的精力处理这些完全通过意识和意志产生的问题，意味着神经衰弱，往往与健康、与很多司空见惯的心理疾病有关。不要感到惊讶，潜意识试图解决这些问题，在梦中可以全部了解这些。

经典的 3 个模型"它""我"和"超越自我"，实际上这是我们所讨厌的装模作样的人在我们梦境中的集中体现。

"它"：这不是无意识的，是愿望和意象的替代，这是心理范畴的一部分，在孩子出生后立即形成的，一般在童年的早期，遵循的原则是"所有的愿望都应该得到满足——并应'立即'得到满足"。

"我"：心理学范畴中成熟的部分，它存在于法律事实中，无法使所有意愿都无一例外地实现，无法保障所有行为都实现，只能保障符合社会、符合标准的问题。如果自我意识越强，则人越成熟，但这并不完全取决于其生理年龄，经常会遇到孩子从 8 岁开始成熟，观察事物的能力开始充分发展，能力非常强，也遇到成年人在此方面还处于萌芽期。

"超越自我"：不仅仅是知觉和生活经验，在某种程度上也是下意识的一种心理保护。但是，"超越自我"是良心，它一般在孩子 3 岁时成形，然后在人的整个生活过程中持续。而且道德、道德的禁令、孩子生活地区的文化和社会所认可的限制在不断积累。这是一种为意识和潜意识服务的"内部警察"。如果"超越自我"没有得到适当的发展，人们会缺乏责任感，这无论对自己或对他人而言，都是一种社会危害。但如果过高看重"超越自我"，则使人无法正常生活，因为这会使人神经过敏：过多的禁令根本不会让人获得幸福。

然而，有时梦境不仅仅是自己的无意识的尝试，也会告诉我们关于一些重要的，但也许是一些与"集体无意识"相关的信息，这也是我们已经知道的卡尔·荣格的相关理论。梦境中出现的人物，很少是现实世界中司空见惯的，而是我们经常讲的原型：在我们的面前曾经出现的数以百万计的人形成的综合体。孩子梦境中出现的几乎都是神秘的和可怕的童话人物，以及那些乍一看似乎是中

立的人物,实际上却是几百年积累下来的人物:冰雪老爷爷①和冰雪姑娘,阳光和阴影,海洋和天空,春天和秋天……因此,出现了不同性别的原型:敌意和灵魂,而且这两个存在于任何人的意识中,与性别和年龄无关,只是在不同人的意识中的比例不同而已。同样的还出现一些重要的原型和性格方面的阴影,都是被我们的意识所拒绝的,事实上,孩子既没有接受任何人,也没有试图解释任何人。

如果你对这一主题感兴趣,你可以参考荣格的《梦境分析法的实践应用》,它对此加以详细分析,值得参考。

我们必须知道,任何梦境都是有象征意义的,心理学对此分析解释后,认为有以下的原因:

- 孩子过度疲劳("睡得像死人");
- 他的心理处于抑郁状态,在这种情况下,实际上他是如此沮丧,他并没有想要去选择,无论是选择过去,还是选择未来;他从来不想见周围的任何事物,因为,在他看来,周围的一切没有任何好的东西,也没有任何好的人;
- 孩子或者现在,或者过去,或者将来,生活在恐惧中,在他的内心深处期望某种不好的或有关某个事件的痛苦回忆。

---

①俄罗斯的圣诞老人被称为冰雪老爷爷。——译者注

自然地，孩子在这种情况下是拒绝做出选择的，因为他们实在无力，也不希望解决这个问题，他们只愿在镜子里看到潜意识中的怪物，他们似乎知道这是给自己带来麻烦的一个预言。

所以正如我们看到的那样，人类梦境中的所有不同的"零件"是相互作用的。

然而，在没有专业人员的指导和帮助下，我们如何能理解梦境中出现的稀奇古怪的线索，这中间关注的细节、需要的技巧和力度等，让我们一起详细讨论。

如何解梦

在这一方面，似乎没有人能够解释梦境，因为任何人的梦都已经结束了。

然而，我们尝试从理论到实践，认真解释人类自己的梦境，但有时我们忘记了，我们似乎扭曲了人类潜意识的抵抗：从小的和大的各种技巧，阻断人类的记忆，使其无法进入潜意识的范围中。因此精神分析专家更适合对你的梦境加以分析，分析得比你更快和更容易——即使你自己具有这方面的专业知识，你要知道，他不必像你一样,同自己发生冲突。

因此,当你自己"扮演"梦境分析师解释、分析自己孩子的梦境时,会比你尝试破译自己的梦境更容易。此外,父母要养成积极倾听孩子谈话的习惯,掌握分析他们的思想和情感的技能和技巧,在这方面更重要的是为了培养孩子的与众不同,父母应该教会孩子对感情和情绪的理解,使孩子们的生活和谐。

分析梦境,你需要学习和掌握一些技巧:

- 记录你的孩子梦境的全部信息 —— 这样你不会轻易错过任何详细信息,事实上任何一个小的信息都可能是非常重要的,在后续的、长期的动态追溯梦境过程中,要注意重复的情节。
- 学会分辨梦境的形式,最简单的办法是给不同的梦的形式取个名字。
- 注意梦境的现场 —— 有时候它有助于在整体上了解睡境,这不必拘泥于细节。
- 为了不打破睡眠合乎逻辑的链条,可将梦境分为不同的单独场景,就像电影的情节一样,这样更不容易错过任何重要信息和安排后续与梦境相关的信息。
- 要注意到微不足道的信息:要知道,在孩子睡醒之后,孩子会回忆起梦中出现的某些情景,而这些对分析和解释具有非常重要的作用,有时甚至起到关键作用,这些信息不能错过。

- 研究孩子睡眠期间的行为——因为它反映了孩子现实生活中的经历和感受。

- 将梦境中出现的人物分为单独的、不同的角色：我们已经知道,大多数这些人物是——父母、亲属和孩子的朋友,梦反映了孩子与这些"意象"的关系。

- 找出孩子对现实社会的反应,找出孩子生活中的经验和活动的相似之处并且建立联系,如孩子过去的生活和现在的生活。梦是在重要的信息基础上产生的,这些信息包括某些与梦境相关的消息。

- 让我们看看梦的象征：语言、颜色、物品——一切都具有象征性,并充满文化、神话、宗教的丰富含义,荣格将之称为"集体无意识"。你在字典或书籍中应该读过有关梦境的符号和标志,你也曾经记得与梦境有关的童话、神话、传说,这些都是有关梦境的主要组成部分,也有助于我们找到谜底。

- 利用以前的梦境的记录,可以得知重复出现的梦境和重复出现在梦境中的元素，弗洛伊德将之称为"二级制作"，并认为直到现在，它们的产生仍不会被允许与此相关的内部冲突，或者是仍不解答问题的情况。

- 请注意梦境的最后部分：它往往是关键部分，其中包含的信息，我们必须仔细思考。
- 不要像圆梦的古书那样，不要试图将梦境分成碎片去分析，也不要试图去单独分析所有信息——我们需要学习全面分析我们所"发现"的一切，我们应将所"发现"的一切联系在一起进行分析。

不要每天早晨问孩子同样的问题，"今天你梦见什么了"。只有孩子自己记得的并决定告诉你的梦，或者是让你的孩子觉得害怕的梦，或者让你的孩子觉得生气、慌乱的梦，你需要多加注意，仔细观察孩子，因为这一切迹象表明，这些是他们在自己的潜意识中隐藏的信息。

所以，我希望，把分析梦境解释得更加清楚一些。而现在我们要尝试回答这样的问题：已经消失的梦——无论是我们的，还是我们孩子的，它们试图给我们传达什么样的信息呢？

第五章　孩子的梦可以告诉我们什么

梦告诉我们什么

梦境具有一定的含义和潜意识吗？

正如我们所说的，梦是一种无意识的愿望，是一种在现实生活或者孩子的意识中都无法实现的、不可能完成的愿望。

此外，梦就像石蕊试纸，揭示了内在化的冲突，显示出"过度"的自我控制。自我控制的尝试，或者是过于美好的愿望，或杂草丛生的无意识的愿望。

在一定意义上，几乎所有的梦都与预测有关，这是它的主要目标。不是所有的梦都具有先见之明，但是它们总是对我们的思考、分析有帮助，并因此影响命运。

我们必须明白，潜意识往往知道自己的"主人"具有更多的意识，因此会事先预警：在梦境中出现的一切，如果在现实世界中实现，总需要一定的时间，因为我们在此之前，需要了解未来发生的事情，并采取行动。

而现在让我们来看看最常见的梦境中的情节，详细了解与它们相关的信息。

传统上，最重要和最有意义的梦境，被称为梦的预言。在这个类别中,我们必须及时记录下有关预言,我们似乎觉得这些都是"灾难的预言",事实却并非如此。当然,如果孩子对我们说,他们梦见车祸,或者梦见全家人都得了严重的疾病,或者梦见全家人都遭遇麻烦,我们会害怕。然而,绝大多数的令人不安的梦、生活中的苦难和灾害事故,尽管体现出一定的意义,在现实中却不一定会发生。

然而,在梦境中出现的绝大多数令人不安的事故、不幸和自然灾难,虽然有一定所谓的自然意义,但并不能预测它们在现实中一定会发生。如果你准确地知道,前一天或前不久孩子并没有看过类似的电影情节,没有经历过任何精神创伤——但孩子却梦见了这种情节,应加以注意,因为这可能会发生,可能是某种警告。然而,我们不应该仅仅理解其字面意思:如果孩子梦见自己溺水,这并不是说,从今以后,你不准孩子接近水——这只不过是梦中情节的一种象征而已。

此外,有时梦境中的"预言"是一种愉快的事情。它们很少能被我们所看到,毕竟我们没有看到任何不寻常的事实,尤其是孩子梦见的某些快乐的事情。想办法去观察,也是徒劳的,人类的潜意识中只关注负面的预警。这是关于康复的梦,如果孩子长期生病或者病得很严重,他经常会梦见自己胜利了。孩子的直觉比成年人更发达，他们还没有接受所谓的权威性的、不可冒犯的知识，因此孩子们知道的未来的事情经常比我们成年人多。

不过，有时梦境中所讲述的，并留下清晰印象的，几乎都是完全不同寻常的事情——这些都是直觉和常识较好地告诉我们的信息。有些梦，对孩子来讲是非常完美的，或者绝非一般的，或者是孩子不可能忘记的，并且这段时间里你和孩子的想法，总是围绕着孩子所看到的非常不寻常的，并没有办法直接解释的梦境：孩子从来没有见过的、非常遥远的国家；孩子从来没有见过的不寻常的生物；孩子从来也没经历过的在遥远的过去或未来所发生的事情。这样的梦是重要的，因为它们为我们传递了某些不可说的知识，向我们传递了某些预言，这些是不能忽略的。

噩梦似乎给我们的信息没有那么重要，如果不考虑孩子因为噩梦而产生非常激烈的情绪反应，他们对未来的梦要远远多于噩梦。其实我们已经知道，噩梦往往是由纯粹的生理原因而引起的：一天里受到过多的外界影响（刺激）、闷在房间里、保持一个不舒服的姿势、晚饭吃得过多或过晚、身体生病。

还有证据表明，噩梦是由于孩子没有意识到自身的问题或试图隐藏这些问题而产生的：如果与妈妈在情感上产生矛盾，对孩子来说，是非常复杂的体验，因而噩梦中都与可怕、恐怖的女性形象

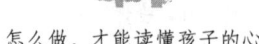

有关，如巫婆；哥哥欺负小孩子并禁止告诉父母，小孩子的梦中就会出现某种可怕的动物。

然而，不是所有的噩梦都可以这么简单地解释，经常做噩梦的孩子，一般处于极大的压力下，孩子处于精神压抑、惊慌的状态下，甚至有患抑郁症的可能。如果你忽略了它们的外在表现形式，你会因噩梦而惊慌，尤其是做噩梦将是经常性的，你经常会因噩梦而惊慌。噩梦是一件可以分析和改善的事情。如果晚上婴儿感觉害怕，请拥抱他：这样孩子就会知道，你会保护他，你可以帮助他应付恐惧。不能因为要记录孩子在噩梦中的想法，而去问孩子梦见什么了；但是如果孩子想告诉我们——请用心听。孩子经历噩梦后，通常不想在黑暗中继续睡觉——你要去看看他，拥抱他；为了让孩子可以平静下来，可以给他留下一盏发出弱光的小灯。不要对孩子讲"不要怕，没有事的"。因为孩子与成年人的心理不一样，此时他并不需要这个。这些话证明你对他缺乏了解，不知道发生了什么，你也不理解他的心情——孩子总是缺乏安全。这是为了说服孩子，为了更快地让孩子脱离恐惧，你应该对孩子讲："我们在一起！"

当然，你也不能指责、羞辱或者嘲笑孩子，不能说孩子是懦夫；或者抱怨说，他又妨碍别人睡觉了。这样以后孩子根本不会告诉你与他们有关的任何事情，因为信任是一个脆弱的东西。在你对孩子表现出不满意，或者对孩子提出过高的要求之后，你与孩子的矛盾，会让孩子永远在你面前关闭自己的心灵世界之门。而这个问题不会自行消失，只会不断地累积，在不久的将来等待你来处理的问题会让你感到很棘手。

请记住，一部分噩梦是有益的：它可以让孩子"发泄"不满，可以缓解孩子潜意识中的紧张、惊慌和焦虑。所以，不要试图把孩子"推"回床上，不要因为这件事让成年人不方便、不舒服，而禁止孩子感受和思考梦中出现的一切。第一，这无法做到；第二，这样做的话，对孩子而言没有任何益处。

梦见死，并非经常被视为可怕的，有时这个看起来像一个进入了另一个世界的迷人旅程，如同与死者或者陌生人会面。不要让孩子形成像成年人一样的对梦见死亡的恐惧，不要让孩子产生死亡是可怕的、不好的刻板印象。我们已经知道，这样一个梦境可能只用来应对他所看到的现实。如果不是这样的话，类似的，用来解释梦的符号需要不断变化、蜕化、消失，然而在新的生长期中再产生具有新的含义的符号。从这个意义上说，这些梦是积极的，具有正面的意义，如果孩子不害怕的话，这样的解释对一个 5 岁以上的孩子非常有意义。

梦见自己的身体被破坏、丢失了一部分是另一个版本的噩梦。尽管第一印象告诉我们这具有消极意义，但从相反的一面去了解，则具有积极意义。例如，梦见断手，通常是沟通问题；梦见受损的脚，则是对生活缺少依赖；如果梦见脱发，这样的梦境表明，孩子要提高自我评价，或者孩子比较冷漠，或者孩子体力比较弱。如果及时注意这些问题，可以避免发生这些情况和让孩子得到及时的救助。

我们需要单独解释梦见牙齿破碎或者梦见掉牙，这样的梦在我们的社会赋予与亲人的死亡相关的非常负面的含义。孩子梦见这个，比较容易解释。第一，孩子与成年人不同，掉牙和长牙是非常正常的事情，这是成长的表现，它只是一个生理过程，因此，这样的梦很常见，尤其是在换乳牙阶段。但对这样的梦境还有另一种解释：它与被迫出现的语言暴力有关系，它表明孩子难以与成年人、同龄人交往。当这个问题变得特别尖锐，孩子对成长过程中出现的没有办法讲述的问题，由于自身的限制没有找到答案，只能从字面上了解的问题，孩子经常做类似的梦，我们的任务是帮助孩子应付它。

孩子在成长过程中，经常会梦见飞行或者从高处坠落。这些梦可以用纯粹的生理解释，但采用心理学的解释更有价值：梦见飞行是孩子希望依靠自己的力量独立地在更广泛的范围里学会更多的本事，不断向上，取得好成绩，获得胜利。同样地，梦见自己从高处下跌，意味着某种生活的结束，也是非常重要的一种解释。因此与孩子一起分析类似这样的梦，非常有意义。

孩子经常会梦见丢东西和找东西。这是一些提示我们必须找到这些东西的信息，并可以培养一些相关的能力，同时也告诉我们在哪里可以找到这些具体的信息——与孩子梦中所见有关：自行车（体育活动）、设计（应用技能）、魔方（智能）——类似这样的符号可以有很多，你的直觉会告诉你，何种解决方案能更接近于这种谜底。如果孩子梦见自己发现了什么，这告诉我们，这个孩子具有一些能力，孩子"希望"自己的能力被父母或成年人发现。请你评价孩子的潜力：他们具有何种处于"萌芽期"的能力，并准备唤醒它。

同样，你也可以解释梦见宝物和财富——它们也象征着精神上的财富和才能，也鼓励我们自己去发现，去寻找。

我们现在回到孩子梦见丢失东西的问题：孩子未能抓住某种机遇，失去了某种机会，因而还没有得到应有的发展。

梦见自由和不自由对于孩子来说，也具有现实意义，如果他们生活在被过度监视和控制的家庭中。孩子会梦见很多非常具有象

征意义的对象：门上的锁、笼子、监狱、链条、缰绳。也可以是各种情景：孩子被锁在一个房间里，绑着链子的狗在奔跑，鸟被关在笼子里。梦见这些，表明孩子缺少自由。请你想想在现实生活中哪些因素引发了孩子梦见这些，为什么你的孩子在不自由中无法自拔和无法表达自己的愿望呢。

孩子梦见谎言促使我们清醒地审视自己孩子的个性，不要在孩子有"污点"时，我们却闭上了眼睛；也不要教会孩子用各种借口来隐藏自己的不足，而应教会他们能够正视自己的不足，并深刻剖析不足，及时加以改正。

年龄比较大的、已经入学的孩子经常会梦见课堂回答问题和考试。通常孩子都是在无助和无法应付的情况下，才会梦见这些，即使在现实中最好的学生也不例外。如果你的孩子经常梦见这些，就意味着他过于看重分数、权威和别人的意见。孩子做这样的梦，表明孩子似乎不是为自己而生活，他们在外界强加给自己的刻板要求下失去了自由，他们按照外界的要求，机械地做事、思考和生活。压力如此之大，致使孩子在自己的能力范围内失去了信心。他总是怕应付不来，总是担心"测试不能通过"，担心自己不符合标准要求。

如果你的孩子经常做类似的梦，请你想一想：是什么在控制着孩子？什么情况致使孩子不能通过考试，所有的考试都要经历两次？

一般年龄稍大一些的孩子经常会梦见无序和清理房间，梦见整理玩具、自己的房间等，这明确地在提示孩子要注意自己感情生活的条理性，要厘清自己与朋友的关系，要学会及时清理并放弃已经不存在的、影响自己感情的生活。

如果孩子梦见逃跑或被追捕，这样的梦同样值得关注。因为在梦中追捕孩子的动物或人都是孩子害怕的，都是孩子不喜欢的。年龄再大一点的孩子，有时会梦见逃离自我，逃离不被自己、父母和社会认可的个性，如果你还记得的话，这就是卡尔·荣格所说的阴影。在第一次的侵略行为面前，孩子常常否认自己的能力。然而如果我们承认它的存在，以这种或那种方式存在，它可以实现或超越任何东西。如果孩子梦见这样的情节，这样的解释是有意义的。这将会使孩子更容易接受自己，并学习控制自己，而不会把逐步积累的问题非常明显地隐藏起来，而不让它成为随时会"爆炸的"蒸炉。

好吧，现在让我们总结一下我们所知道的一切梦。

- 使孩子感到害怕的梦基本上都是他们未得到满足的愿望，或者尚未解决的问题和焦虑，甚至可怕的梦都依然在起作用，帮助它的主人应付这一局面。

- 地球上所有的人，不分性别，不分年龄，都会做梦。在同一时间内两个不同的人不能做同样的梦，即使同一人也不会做相同的梦。所有人的梦都是独一无二的，如同人的指纹一样。

- 睡眠科学家认为，40%的梦是前一天留下的印象和所遇到的、所担心的问题、焦虑、恐惧等。

- 梦产生在所谓的人类睡眠活跃期，法国科学家米舍尔·儒韦在20世纪中叶提出这一理论。这被认为是难以置信的，因为它发生时大脑紧张运作，被眼睑蒙上的眼球活跃地转动，只有身体的肌肉是放松的。如果这个时候唤醒孩子，孩子会记得刚刚做的梦。如果在睡眠的被动阶段唤醒孩子，孩子则会忘记刚刚做的梦。

- 梦是心灵的守护天使，为了让身体得到休息和恢复，梦会吸收妨碍睡眠的声音和感觉。

- 梦可以帮助孩子在无意识状态下进行社会交往，帮助孩子很好地理解禁忌的欲望，较好地处理自身内部的矛盾，并能将自身的潜力变成自己的现实成绩。

- 尤其重要的是有意义的梦境总是在危机情况下产生，它们的任务是这样的危机能够引起人们的注意和帮助人们找到解决危机的办法。

所以，你要关心自己的孩子，能及时捕捉到孩子无意识地发送的信号，你与孩子相互了解，你的生活将变得很轻松，也更和谐。

第六章
潜在的因素

Читаем мысли наших детей

怎么做，才能读懂孩子的心

潜意识能够以不同的方式进入真实的世界。例如，幻想和想象力，有时它的表现形式与真实的贵重物品相似，价值并非很小。手势和面部表情是潜意识的另外一条通道。

我们已经知道，潜意识不仅是意识，而且是强大的、可塑的无意识，有时会在我们的睡眠中出现。然而并不是只有夜晚才给我们提供机会，让我们来了解人类的这部分性质：大量的失言和"说走嘴"、面部表情、手势、姿势、语调、迟到、损失甚至疾病——这些都是潜意识发挥作用的产物。

如何弄懂这些信息？如何弄清楚孩子的心灵？

让我们试着去了解这些。

正如我们已经知道的那样，潜意识位于"幕后"，完全处于舞台之后，有时潜意识与在主舞台上为观众进行演出存在着令人惊奇的差别。潜意识取代了所有的"不舒服"、忙和不愉快。而且，不断积累的这一切"财富"：被内疚折磨、离奇的各种各样的不愉快、在最有利的情况下的失败等会让人生病。总之，一些潜意识所传递的一些不详细的负面信息，如同一枚炸弹，迟缓地发生作用，在任何时候都有可能爆炸。

潜意识——既不是朋友也不是敌人,它真实存在。有时潜意识控制行为的熟练程度与理性和意志相比毫不逊色,定期闯入稀疏的、封闭的"门",此时意识的控制被削弱:在梦中,在紧张状态下,在极其兴奋的状态下。

弗洛伊德的追随者认为,孩子掌握语言后出现潜意识。潜意识逐渐增强,当它在数量方面积累形成"情感包袱"后,到4~6岁时,孩子会进入恋母情结期。这时孩子可以确定自己与父母的性别,但希望体验自己所钟情的父母的性别,并维持这种性别,却拒绝自己真实性别的和谐发展。

卡尔·荣格认为,孩子出生时就具有潜意识,这是集体无意识结合了他的祖先的世界观、思想和文化。

然而,潜意识不仅仅是思维的记忆,也是身体的记忆:个人习惯和熟悉的感受,得到了应用,成为它不可分割的一部分。因此,在所有的解释中,乍一看,你会发现,如果孩子在家庭中遭受虐待,那么在选择自己的合作伙伴时,会选择像自己一样残忍的人:身体记得曾遭受的暴力和痛苦,并会"回报"给让自己痛苦的人。

有时潜意识不仅试图与自己的"主人"建立联系,还努力与周围的潜意识人群建立联系。妈妈经常会在意自己孩子的状况,并推断孩子们的健康状况和情绪。就孩子本身而言,他们可以敏感地发现母亲心情的细微变化。另一个例子是双胞胎：有时在兄弟或姐妹身上会发生相同的、奇迹般的感觉，他们在一起生活时如此，长大后它们不在一起生活时也如此。

潜意识能够以不同的方式进入真实的世界。例如，幻想和想象力，有时它的表现形式与真实的贵重物品相似，价值并非很小。手势和面部表情是潜意识的另外一条通道。

让我们一起来分析这些重要的表现形式。

目光

眼睛是心灵的窗户，它知道所有的一切。的确如此：它比任何语言，甚至非语言迹象，更能告诉我们孩子的甚至成人的情绪、态度、情感和思想。这目光看起来是人悲伤后的精力充沛的"一切正常"；是因恐惧才假装的虚张声势，是甜蜜的谎言背后的所有誓言和承诺。这目光有助于表达爱和痛苦，甚至是最小的——那些无法言说的内容。

我们很难解释清楚，已经确定的所有一切具有的特征，如果你与某人的关系很可靠，相互依赖。或者因深厚的感情而建立长期的合作关系，这可以是父母或子女；可以是恋人或夫妻；可以是兄弟姐妹,那你可以从他的目光中看懂源于实际生活的潜在一切。

然而,我们可以借助"目光的语言"弄清楚目光的一些特征。因此,非常明显,坦诚的眼睛中包含了满满的交际、兴趣、信任、好心情。

睁得过大的眼睛表明紧张、渴望集中注意力或者恐惧,有种说法是恐惧长着大大的眼睛。

眼睛被遮住,表明没有兴趣、冷漠或不敏感,也可能是疲劳过度。

视线变窄、眯眼睛表明专注集中,或者在某种情况下的狡猾、不信任。除此之外,这也可能是早期近视的征兆,需要加以注意。

斜着眼睛从下往上的目光试图隐藏着侵略或进攻,但是,同样的目光,加上一个姿势——弯腰或垂下双手,表明顺从和沮丧。

如果同样的孩子自上而下,并迅速仰头看,表明他傲慢,具有很强的优越感,甚至蔑视。

有时候你的孩子躲避看你的眼睛——这或者是掩盖真相,或者是具有罪恶感,或者是害羞和缺少信心。

一般来说,按照谚语——在眼睛里可以看到罪恶感,因此在眼睛里也可以看到谎言:撒谎的孩子看别人的眼睛时,向四处看,转动的范围非常大,他避免与其他人的眼睛对视。成年人早已学会撒谎了，但他的眼睛背叛了主人：即使他直接看对方的脸，眼睛仍环顾四周，这就是为什么直觉感受告诉我们这是一个谎言，但是我们自己不知道如何解释，并怀疑这是一个圈套：面部表情和视觉信号的不吻合表明这是一个骗局。

姿势

我们每个人都能够"读取"另一个人的姿势，即使并不知道他是怎么做的。实际上，这是告诉我们，人类具有共同文化的姿态和包罗万象的姿势。姿势——人体的空间位置，承载着人类的各种信息，如与健康相关的以及与其他人的关系，甚至是一个特定社会阶层的组成部分。

看孩子的坐姿，可以确定，例如，孩子对周围的世界是打开自己的心扉还是关闭自己的心扉。

封闭的姿势，这样的孩子试图用手掩盖身体的上部，而双脚交叉：这是"拿破仑姿势"[1]——双手交织在胸前，它是同样的姿势的自我调整，传统理论将其解释为不信任、与人不和睦及担心等。

---

[1] 18世纪一种很常见的绅士礼仪姿势，同时代的肖像画里绅士常摆这样的姿势。——译者注

打开的姿势通常指张开双臂或叉开腿：这样的姿势被视为信任的、默契的、关怀的心态和心理安慰的行为。

头部的姿势也可以告诉我们很多人类的自我认知：扬起的头表明自信、开朗、关注周围的世界；但夸张地仰头，表明自负和傲慢。

头部轻微向前倾斜表明平静与满足。

头偏向一侧表明这是一个被动的、愿意听从成年人意见的孩子。

而低着头表明这是一个缺乏意志、精神不振、犹豫不决、缺乏能量和活力的孩子。

手的姿势也多种多样，内容丰富多彩。把胳膊紧紧地抱在胸前，表明孩子在防御，尝试着保护自己。

如果一个孩子在谈话时用手指敲击桌子，表明孩子很紧张，或者希望尽快摆脱你，偷偷地溜走。

啃指甲的孩子通常是一个不被信任、缺少自信、非常恐惧的孩子。

那么，孩子用手揉眼睛——表明孩子累了，想睡觉，或者孩子不是特别地相信你，这取决于具体情景的前后联系。

孩子的姿势也可以让你知道很多有趣的东西。

一个轻松的姿势表明远离限制性规定的开放程度和自由，有关高质量生活的基调。

夹紧身体的态势——也就是说，孩子的行动迟缓和身体高度紧张——表明孩子需要自我保护，希望避免与社会接触，将自己封闭起来，他们往往是过于敏感和过度勤奋，希望成为优秀的孩子。

懒洋洋的背是不好的，有些微微驼背的姿势，表明孩子顺从听话、抑郁、受折磨，努力去满足成年人的愿望。

示威性、故意引起人的注意的姿势，如手插在口袋里，手背在身后等，表明孩子缺乏独立精神，或者在"长大后的我"与"我是孩子，我如何发展自我"之间摇摆。

身体上部的姿势依然传递了很多信息。例如，高耸的肩、微驼的背、凹陷的下巴——这些都证实孩子孤立无援，神经紧张，长期处于恐惧状态，缺乏自信心。

肩膀向前垂下，双手无力地垂下，表明孩子整体上存在性格缺陷，身体虚弱、无力和沮丧。

而向后耸肩、挺胸的姿势，其共同点是孩子具有很强的特性，积极、充满活力，内心世界自由度较高，有时甚至是自尊过强。

顺便说一下，孩子的一只脚踩在另一只脚上的姿势适用于5岁以上的孩子，他们已经学会了很好地控制身体平衡，你也可以根据这个来判断孩子的性格。这表明，这样的孩子充满自信，具有坚强的精神和平衡能力,难怪他们说,"我们坚定地脚踏实地地前进"。

但是双腿劈开得过大,如同站在摔跤场上,表明孩子具有较强的侵略性和喜欢提出过高的要求。

如果孩子的姿势比较紧张,站立时腿比较僵硬,这表明孩子的适应环境能力弱,而且固执和缺乏灵活性。

如果孩子站立时,重心不停地在左脚和右脚之间移动,这个姿势给人的印象是整个身体似乎缺乏坚实支持——这表明孩子纪律松懈或者有较高的焦虑情绪。

像小鱼一样的姿势,表明孩子随时会从座位上站起来,坐着时不停地抖腿,完全无法忍受在自己的位置上安静地坐着或站着,这是一个典型的时刻活跃的孩子,他无法集中精力,容易分心和非常活跃。

孩子的坐姿,我们也是不可小看的。

封闭的姿势,孩子把腿紧紧地夹在一起,表明孩子惧怕交流和缺乏自信。过于开放的姿态,如腿完全打开,是年幼孩子的特征。如果我们谈论的是学生,那么这个姿势,说明孩子不守纪律,故意表现出冷漠的态度和傲慢。

如果孩子把一条腿搭在另一条腿上,这表示孩子没有准备好去积极做事。

如果孩子挺直背部,并且靠近椅子的边缘,表明他非常紧张和不安,或者说,非常满意此时谈论的内容。

如果孩子像某些歌星一样,在任何时候,随时准备跳起来,这种姿势表明孩子为多动症,或者对别人不信任和有忧虑感。

坐在椅子上不停地摇摆,表明孩子自信,或者是缺乏自制力,或者不遵守纪律。这表明孩子对周围发生的事情缺乏认真的态度。

手势

在沟通方面,不能高估手势的作用——很大程度上这取决于双方的相互理解。

手势可以划分为这些类型:

- 表明对待某人或某事的态度的手势;
- 表达情感的手势,分为积极的和消极的;
- 增加了解可能性的手势;
- 大家所熟悉的手势符号,以至于会取代的单词或短语——见面时挥手,表示问候,离开时挥手,表示分别;
- 手势的特征反映了人们的生活习惯。咬手指,用手指缠绕一

缕头发,将东西从一个地方拿到另一个地方,甚至挖鼻孔。这基本上是孩子自我安慰的习惯,意味着孩子有些不安或焦虑。

父母尤其要仔细观察孩子假装的姿势和欺骗性的姿势,并应对此认真加以分析。

那么,缺乏诚意的手势间接表达什么呢?

- 过分夸大情感的手势,如玩弄手指;
- 试图控制或压制巨大压力的手势,如咬手指、双脚交叉在一起;
- 分散注意力的姿势:用手盖住嘴巴,孩子做这个手势很明显,但年龄越大孩子会越少做这个手势,他们只是用手指摸嘴唇,这些手势是孩子下意识地希望掩盖谎言,到自由的地方去;
- 触摸鼻子,这是分散注意力的表现;
- 揉眼睛是不信任的标志,是常见的,也是缺乏诚意的表现;
- 拉衬衫领子,这如同孩子自己所讲的,表示呼吸困难,无法喘气;
- 弄平头发,努力消除过度的欲望或展示自己是最棒的;
- 嗓子哑,发出轻微的咳嗽声,这似乎拒绝为它的主人服务,它的主人在讲谎话；
- 在椅子上扭动身体或原地踏步；
- 潮湿的手掌，一般情况下孩子在躲藏，通常是与经济有关的行为，孩子不希望自己被出卖。

事实上，说谎的孩子，还不能控制自己的感情——神经质、移开目光等，情绪紧张，但成年人能够沉着地看着对方的脸，直接注视着对方的眼睛，这叫"不脸红"，孩子年纪很小，所以他们做不出来。

如果你多与自己的孩子谈话，你会发现孩子的很多性格特征，但你需要记住：孩子的性格特征都是独一无二的，真实可信的，如孩子的焦虑，与合作者、与孩子自己所讲的某些人之间的内部矛盾等。判断孩子是否在说谎——最好通过逻辑分析和事实的比较，找出真实的证据，另外我们还需要分析缺乏诚意的手势的特征。

注意手及其动作是非常重要的。

如果手无精打采地沿着身体垂下来，表明被动、缺乏行动、缺乏意志力。

双手交叉放在胸前，通常这是一种保护性反应。

双手放在背后，表明孩子在被动地等待，孩子胆怯、处于窘境或者努力地隐藏某种东西。

但张开手并且手心朝上，这是有信心的体现；如果一边讲话一边做出这样的手势，表示解释说明、有某种欲望。

双手放在口袋里，表明缺乏自信，并极力想隐藏自己的问题。

手紧紧握成拳头，表明克制着愤怒或兴奋，并尝试证明自我价值，准备攻击。

另外，孩子做出用手覆盖住脸的姿势，表明他在努力地隐藏着某种东西，隐瞒自己的病情。如果孩子不时地擦着额头，表明孩子试图集中精力，使思绪条理清楚，并期望摆脱不良的思想。

孩子咬拇指，表明他试图安慰自己，以及沉思、悠闲和幼稚的行为，3岁以下的孩子有这样的行为是正常的，7岁以上的孩子有这样的行为则是幼稚的，或者是因为孩子已经习惯在压力面前克制自己。

如果低年级的学生常常咬自己的指甲——这是紧张、缺乏自信心、处于压力状态、内心有冲突的迹象。

双手放在身体侧面意味着孩子展示自己的优越性，或者仅仅是自信心的体现。

如果孩子将手撑在桌子上或者抓住椅背，这是孩子缺乏自信心和需要支持的表现。

孩子用手托着脸颊，意味着孩子陷入沉思，自己被所听到的内容深深地吸引。

如果孩子用手掌支撑着下巴——这是批评和评价的姿势，如果做这样的姿势时，其余的手指托着自己的脸颊——这是等待的姿势。

挠下巴，这是设法做出决定的信号。

如果戴着眼镜的孩子，开始不断地将眼镜摘下来戴上去，不停地擦眼镜，把眼镜拿在手里玩弄，意味着孩子紧张，或者抗拒，或者是在思考。

很多脚的动作也非常值得观察，值得"阅读"。

例如，来回走，不停地踱来踱去，意味着孩子有解决问题的愿望。

孩子用脚敲击地板，用脚踢门，这表明孩子感到无聊，希望尽快离开这里。

孩子希望自己高于谈话者，当谈话者坐着时，孩子站着，或者爬到高处，反映孩子渴望主宰自己，渴望自己也可以居高临下，也尝试表明，自己是主要的，是重要的。

走路的姿势

我们谈论孩子的走路姿势时，必须明白，也必须告知自己，我们所谈论的内容针对 6 岁以上的孩子。

怎么做，才能读懂孩子的心　Читаем мысли наших детей

孩子迈着充满自信的步伐，表明孩子的性格外向，擅长交际，喜欢一往无前、从容自然地处理事情。

相反，孩子的步伐是小幅度的，短促的，很大程度上，说明孩子性格比较内向、谨慎、克制。

如果孩子的走路姿势笨拙、不灵活，说明这个孩子压抑、胆小、紧张，回避自由表现自己。

如果孩子走路时弯腰驼背，表明孩子比较谦虚、羞涩，试图尽可能不引起他人的注意。

行走节奏也很重要，走得快的孩子活跃，精力充沛，可以准备立即采取行动。那些走得很慢的孩子，往往是不着急的慢性子，属于稳重的黏液质类型的人。

孩子行走时一直将手放在口袋里，这是一个潜在的信号，这样的孩子渴望做领军者，如果孩子长期都是这样的姿势，是信心十足的表现。如果孩子处于抑郁状态，通常孩子在行走时眼睛看着地面，而且昏昏欲睡、萎靡不振的样子。

睡觉时身体的位置

孩子在睡觉时的姿势可以让我们获得很多信息，这明显多于从孩子在白天的行为获得的信息。美国研究者塞缪尔·丹勒[①]在他所著的《人类的夜间语言》一书中,解读了人类梦中身体的位置。

孩子蜷曲着身体,蜷曲得很紧,如同胎儿一样的睡姿,睡在人或宠物身边,并抱着一个枕头或最喜欢的毛绒玩具,说明孩子缺乏安全感和非常柔弱,需要成年人的帮助和关心。婴儿有这样的睡姿算是正常,但到青少年依然是这样的睡姿,说明他们不愿结束自己的童年,不愿意为自己的生活承担责任,优柔寡断,易冲动,容易受到他人和自身情绪的影响。他需要更强大和意志坚强的朋友或他所尊重的成人的指导和帮助。

如果熟睡的孩子并非像胎儿一样的睡姿,而是双腿和手稍微打开,躺在他的亲人身边,那么他是一个非常平静、随和、灵活、包容、不希望领导他人、能够适应形势的人,更喜欢有安全感,有时缺乏足够的精力,不能坚持不懈地完成自己的任务。

孩子睡在亲人的肚子上,伸开双手,蜷起自己的一条腿,所谓的"跑步者"的姿势,这样的孩子自信,明白事理,喜欢有秩序和意外的惊喜,喜欢发号施令,坚持自己的观点,这些孩子非常需要稳定。

[①] 塞缪尔·丹勒:心理医生,美洲科学院精神分析和社会现象精神病学专家组成员之一。——译者注

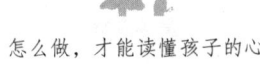

孩子睡觉时像"大海上的星星"一样，用仰泳的姿势，表明孩子自信，在心理上是安静的孩子——宁静、稳重，他们感受到自己的家是安全的。

如果孩子仰面睡，并将双手放在脑后，说明他们善于交际，并能友好地对待其他人，会努力使自己的生活变得简单。

孩子睡觉时悬空一条腿或两条腿，说明这个孩子是非常活跃的人——白天不停地运动。

有些孩子睡觉时把自己紧紧地裹在毯子里，说明孩子希望逃避生活，因为他缺乏安全感。相反，孩子睡觉时不断地踢被子，说明这样的孩子喜欢随意的生活，不喜欢被限制。

最后，孩子的睡姿像狮身人面像一样仿佛"立正"，表明孩子的睡眠质量非常不好，经常会醒来和比较紧张。

面部表情

借助面部表情，可以帮助我们特别清楚地显示人们的真实意图、情绪和关系。德国人类学家卡斯滕·尼米兹[①]使用视频设备进

[①] 卡斯滕·尼米兹：西伯伦大学生物学教授，主要的研究领域是进化生物学。——译者注

行实验研究，他发现，人类与诚实和虚假有关的面部表情与速度有关，与微笑时嘴角抬高的速度有关，与此同时眼睛睁大，随后眼皮会微微地发生偏移。他还认为，微笑时较长时间睁大眼睛或者很快地闭上眼睛，这些更多地被视为受到挑战和威胁，当然有时也表现为一种不真诚。相反，闭上眼睛的同时没有一丝的笑容是平息事情的标志，仿佛人们喜欢理解别人："我希望你好好的，你看，我甚至闭上眼睛了。"

此外，经常嘴角下垂——这是不愉快、不开心的标志，一般说来，是用消极的态度对待与外界的交流；但经常微微上扬的嘴角证实积极的态度、积极的情绪，表明孩子为乐观主义者。

嘴唇的轮廓也传递着相当丰富的信息，但只有面部特征已发展到少年时才可以分析这些信息。所以，丰满的嘴唇和柔软的轮廓，表明高灵敏度和丰富的情感；但如果嘴巴的轮廓非常硬朗，则反映这个孩子的智力水平较高，具有较强的意志力。

为了正确地"阅读"孩子的面部表情，我们还需要知道哪些面部表情的象征意义呢？研究人员 C.B.彼得罗夫和 E.H.哈拉波娃对此加以研究，并在他们的著作《非言语沟通》中给出下面的表情"密码"，见表2。

| 怎么做，才能读懂孩子的心 | Читаем мысли наших детей |

语音特征

嗓音——最具特色的人类特征之一。小孩子讲话声音普遍比较高，但是他们每个人仍然具有自己的特点；此外，还存在相当多的语音特征，这些都有助于帮助我们了解孩子。

讲话速度是这些特征之一：自信、冲动的外向型孩子讲话速度非常快，而安静的孩子讲话速度相对比较慢，一个很容易激动的孩子讲话缺乏明显的特色。

表2　感情状态中的面部表情

面部表情	感情状态					
	愤怒	蔑视	痛苦	恐惧害怕	惊讶	高兴
嘴的轮廓	睁大了	闭上		睁开了		通常是闭着的
嘴唇	嘴角下垂			嘴角上扬		
眼睛的形状	眼睛闭上了或微微闭上	眼睛变小了		眼睛睁大了		眯缝着眼睛或睁大了眼睛
眼睛的亮度	眼睛闪烁着	眼睛无光泽		眼睛闪烁但很迷茫		眼睛闪烁着
眉毛的轮廓	眉角靠近鼻梁			眉毛上扬		

续表

眉毛的角度	眉毛外角上扬	眉毛内角上扬	
额头	皱褶竖着排列并靠近鼻梁	皱褶横着排列并靠近鼻梁	
面部表情	动感（眉飞色舞）	呆滞（无表情）	面部表情丰富

音量也是其中的特征之一。讲话铿锵有力的孩子是有信心和骄傲的，自信的孩子尤其如此；软弱的和平静的声音是"小老鼠"和"兔子"特有的——这是内敛、谦虚、害羞的孩子，或者孩子比较沮丧时，或孩子健康状况不佳时的讲话音量。如果在同一时刻孩子讲话的音量不同，这是孩子激动或兴奋的时刻。

讲话的节奏和清晰度表明孩子从内心遵守纪律，严谨，喜欢条理性，喜欢秩序；而模糊的发音或者是中断讲话、受损的语音也证实孩子的迟疑、倦怠。

不只是孩子性格的特点，孩子声音具有性格意义是青春期变声之后，与现在讲话的音调有一些细微的差别。因此，假声是孩子特有的一个能力，通常发生在孩子思考的时候，或者说谎的时候，或者过于担心的时候，或者过于害怕的时候。而用胸腔发出的，声调比较低的声音，一是孩子在情感上占优势，二是孩子比较自然和平静。

笑声

笑声的特点不仅仅让我们知道人的当前情绪状态,而且让我们弄懂人性格的一般性质。研究员 A. 施坦格尔观察笑声的特殊性,并提出以下观点。

笑声的类型"哈"(哈哈)——开朗的笑声,真诚、容易沟通和接触,无忧无虑。

笑声的类型"呵"(呵呵)——具有讽刺意味的笑,大胆,有时包含着一些忌妒的成分。

笑声的类型"嘻"(嘻嘻)——秘密和狡猾的笑,它也可能是具有讽刺意味。

笑声的类型"嚯"(嚯嚯)——这样的笑声,或者是孩子自夸,或者是孩子表达一种抗议。

笑声的类型"呼"(呼呼)——这样的笑声,或者是孩子隐藏恐惧,或者是孩子胆小、害羞。

说错的话

我们所谈论的引人发笑的、有趣的和令人不解的失言,说走嘴的和错误的举动,和我们成年人一样,我们的孩子也会出现这样的行为,而且下意识地想要"读懂"这些。所有这些"错误",实际上是一个"窗口",可以让我们观察孩子的真正情绪、思想和性格特征。

类似性质的话语和反应,在一定时间内是我们的心理防线,可以使我们在潜意识中看到和听到真正的自我。非常有意思的是,这些"信息"会在第一时间内提醒自己的主人,要遵守自己的诺言;并提醒自己的主人,一旦在自己心灵中出现不和谐时,必须寻求帮助,以恢复平衡。有时人们了解自己的心理状况,也会关注自己,但是需要的帮助却来自谈话者。因此父母仔细观察自己的孩子,并及时教会孩子,在面临错综复杂的情绪问题时,有时不需要父母的帮助,孩子自己也可以解决。

最重要的是听到你的孩子回答"你认为这究竟意味着什么呢"的答案。如果你与孩子的关系是相互信任的,他们自己将会非常有兴趣地研究与自己有关的问题,他们自己会弄明白为什么会这样说,或者以另一种方式来说。你的孩子自省的习惯会给他们带来益处,他们会关注自己,并及时分析自己的想法与行为。如果你与孩子的关系紧张,你希望孩子的生活比较和谐,那你需要学会倾听和分析这些"失误",而不是抓住不放,不允许嘲笑孩子出现类似的错误。

- 因弄错时间和地点而发生的迟到,事实上,这通常只是孩子的一个抗议行为或事件,他们不想出现在活动现场,但又不可直接提出抗议,所以在潜意识中他们采用"诡计"来抵抗。然后孩子即使真的为自己的错误忏悔,但他们未必知道出现错误的原因。
- 经常忘记与自己有关的、非常明确的人或事情,正如你所理解的,这也是消除阻力的方法之一,当孩子害怕公开宣布他们的不友善或不满意,他们会努力从自己的意识中取代这些,最终让自己忘记所有的不愉快和痛苦。

第七章
身心疾病——童年的定时炸弹

Читаем мысли наших детей

怎么做，才能读懂孩子的心

通常情况下，每个家庭中的孩子从出生到青少年时期，如果在紧张的状态下，面临着压力，均会造成身心疾病，并有恶化的可能性。在很长一段时间内，人们认为许多身心疾病是有遗传性的，但事实并不是这样：在家庭中为人处事的行为方式和行为模式不断流传，因此，健康状态在这些家庭中被复制了一代又一代。

在本书中，我们已经谈论了很多有关意识与潜意识的内容，以及它们可以传递给我们的信号。然而，如果这些信号被忽略，如果我们的生活没有发生任何变化，甚至更多——依然锲而不舍地坚持自己的错误观点，那么会发生什么呢？

在这种情况下，不受限制，但开始遭受痛苦的不仅是灵魂，还有身体。这些问题日积月累，身体迟早会出现亚健康。

压力会导致情绪紧张，从而导致神经系统的负担，导致血液系统和内部器官出现问题，从而产生健康问题。

"身心疾病"是一个使用很广泛的名词，不仅仅包括实际的疾病：

- 身心疾病可以是简单的肌体反应，因羞愧而脸红，因恐惧而浑身起鸡皮疙瘩，因压力增加而食欲减退；
- 身心疾病也会连带一些症状——例如，对难以忍受的、不愉快的、令人讨厌的事情，会呕吐；如果无法吐苦水，急待解决的问题无法及时解决，会呼吸困难，甚至窒息，等等；

- 身心疾病本身与1950年传统的"芝加哥7项组"有关：神经性皮炎和牛皮癣；胃溃疡和十二指肠溃疡；溃疡性结肠炎；支气管哮喘；高血压；甲状腺毒症和风湿性关节炎。后来这一名单加入冠状动脉心脏病和营养失调：厌食症和贪食症，甚至肥胖。

让我们从起源开始：首先要弄清楚"芝加哥7项组"中引起身心疾病的类型，并以此来测试分析导致身心疾病的内部冲突。

通常情况下，每个家庭中的孩子从出生到青少年时期，如果在紧张的状态下，面临着压力，均会造成身心疾病，并有恶化的可能性。很长一段时间内，人们认为许多身心疾病是有遗传性的，但事实并不是这样：在家庭中为人处世的行为方式和行为模式不断流传，因此，健康状态在这些家庭中被复制了一代又一代。

根据菲利斯·戈里内科勒的理论，后续的研究者对此提出自己的见解。如果一个人在童年时受到的精神创伤越多，成年后他所经历的躯体冲突的倾向越严重。

按照相应的理论，产生身心疾病的原因是什么呢？这会造成哪些器官的损害呢？

我们将对几个不同的表现加以解释。

第七章 身心疾病——童年的定时炸弹

- 虚弱的身体，器官越弱，越容易生病——哪里弱，哪里就会断，哪里就会被撕裂；
- 身体的不同器官出现问题，一般都由家庭问题引起：如攻击和敌对情绪使人感觉到压抑，如果在家庭中无法使孩子学会控制这些，会导致心血管疾病；如果现实生活中缺少爱和帮助，可能会造成肠胃疾病；
- F.H. 邓巴①的人格理论发现，精神疾病主要源于个性。

产生这些问题的原因比较多，但最基本的仍然是家庭行为模式和家庭存在的问题。在心理学中有一个概念——身心疾病家庭。生长在这样的家庭中的孩子容易心理失调，这样的家庭中人与人之间的联系非常有限，每个家庭成员自身与外界隔绝，容易产生较多的自身内部与外界的冲突，他们的潜意识认为，这是一种压制。

一般有以下的集中错误的关系结构：

- 过度地管教孩子，为了保护孩子而限制他们与外面精彩世界的接触——这严重摧残了孩子发展的自由与可能性；
- 家庭成员心理交往距离过远，造成孩子在孤独的环境里"独立"成长，表面上家庭充满关怀，是令人满意的，实际上家庭成员相互疏远，孩子很少会说"我的家""我需要

---

① F.H. 邓巴：美国精神分析学家。——译者注

你"，经常听到类似的"别妨碍我"；

- 孩子迫不得已生活在别人的世界中，被迫接受父母强加给自己的兴趣，因未能领会父母的意愿，而感觉自己有种罪过，自己是耻辱的。当孩子在成长过程中出现问题时，父母不会为孩子"辩护"。

我们已经了解的这些冲突，在很多家庭中均被忽视。但它们互为因果关系，不会自行消失，因此当压力积攒到一定程度，一旦发展到极端之时，将成为孩子自身成长之路上的阻挡之石。

在这样的家庭中，妈妈通常比较强势，但感情冷漠。妈妈用心照顾孩子，事无巨细，但与孩子的交流较少。孩子生病时，妈妈过于操心孩子的身体，却较少关注孩子的心理。逐渐地在孩子的潜意识里虽然会感受到妈妈的温暖，但只是感受到妈妈的吃、穿的照料。

情绪不稳定，感情不可预测的妈妈，培养的孩子必然会患身心疾病。因为她打乱了孩子生活的主要原则——安全原则，如果妈妈完全控制孩子，那么如何能保障孩子的健康与幸福呢？

控制欲过强的妈妈努力对世界上所有的事情和刺激均回答"不"，致使产生恐惧和割舍自己的愿望和情感——并且在缺乏控制时，孩子无法正常工作，因为他从来没有在自己的生命里独自做过事情。这样的妈妈培养的孩子会无助和缺乏独立性,同时她却需要孩子保持相对的独立性和自主权。这种矛盾对孩子而言是非常沉重的,是造成孩子紧张的一个根源。孩子不知道回答"不",致使压力不断积累。未表现出来的攻击被变换成自我攻击,其结果是身心反应拒绝承认自我中"坏"的一部分。

因此,身心疾病的产生原因比较明确,现在让我们尝试分析一些疾病:它们是如何产生的,和在具体的家庭里如何相互作用。

支气管哮喘

较少会有孩子患上这种身心疾病,通常年满10岁之后哮喘才会出现,呼吸——是孩子从母亲那里获得的自主能力,自由的象征。但患哮喘的孩子无法正常呼吸时——类似于孩子在忍着抑制性的哭泣,眼泪和由此产生的所有负面表现,从童年的早期就被父母禁止。孩子努力来证明"哭声是喉咙自己发出来的",不希望因此惹恼父母。

这是父母与孩子缺乏相互信赖的关系的表现——因为孩子不能自然地表达自己的情绪,不能成为他自己,因为孩子不知不觉地形成恐惧,因为孩子抑制自己的情绪,而"害怕呼吸",从而使

怎么做，才能读懂孩子的心 | Читаем мысли наших детей

孩子患这种疾病。

高血压

这是一种成人疾病，但其发生的前提条件是在婴幼儿期——在家庭。高血压病人的痛苦来自进退两难——一边是高侵略，一边是侵略的指向。逐步摆脱侵略，最终摆脱侵略——这在同一时间可以是好的、正确的，甚至是完美的。其结果是，一般情况下人如果抑制任何强烈的情绪，都会产生积极作用和消极作用。他们把所有的一切累积起来，并形成心理压力，因此"压力增加"。疾病的起源在哪里？它们通常产生在无法正常解决冲突的家庭中：家庭成员沉默，拒绝沟通，"我和你一个星期不要讲话"，等等。由此得出结论：未反应的冲突总会产生深远的影响，因此，我们不应该假设"一切都很好"，并能够面对现实，一起讨论所有问题，共同寻找解决办法。

十二指肠溃疡

如果从出生时孩子机体中某种分泌物就较多，后天的教育，两者一起造成孩子对母亲的过度依赖。在孩子紧张的情况下，缺少应有的"食物"，在我们谈论的这种情况下，指的是情感，孩子就开始消耗自己。生活中，这些人均合乎"规范"的，往往非常成功，但彼此的表现明显不同，因此溃疡分为两种类型——主动的和被动的。

被动型溃疡的患者主要的焦虑是害怕被抛弃，所以在现实生活中，他们一直在努力寻找希望：社会的空间、环境和可以一直陪伴着自己的人。在他们失去任何有价值的东西的情况下，他们会陷入恐慌。因为自己所接受的教育，让他们产生了非常严重的依赖性，而且他们认为，依赖性是一种安全感，并非一种限制。这从何而来呢？当然，从童年开始，其主要原因是母亲的爱实在太强大了。男子一般是按照妈妈的形象来选择妻子——他将来可以依赖的人，她可以管自己，可以照顾自己——一般而言，妻子的年龄要大于丈夫。对于女性而言，她更喜欢丈夫像爸爸一样照顾自己。

主动型溃疡的患者潜意识中渴望，但表面上他故意表现出公然拒绝：他强调要避免任何人和事的束缚。在实际生活中，在许多领域中他是领袖，是成功的开拓者，是一位利他主义者，他非常喜欢帮助周围的人。主动型溃疡的患者经常会想办法证实自己比其他人强，他们喜欢富于变化的生活，也努力证实自己在所有方面都

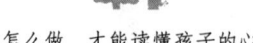

非常优秀，与此同时也会使自己陷于自相矛盾的境地，乍一看，与愿意伸出援助之手帮助自己的女性关系很好，他们认为这是一种孤独，更是一种被周围的人难以理解的行为。他外表上看上去似乎无所谓，事实上这样的人，表面上都很独立，愿意为自己喜欢的、比较容易相处的人提供帮助，内心深处强烈地渴望依赖，需要帮助。如果这种需求没有得到满足，生物体开始吞噬自身。结论：父母不要过度约束自己的孩子，不要过度担心他们——或者，相反地，不要讨厌他们，不要与他们分开，尤其是孩子未能达到父母的要求，父母不能仅仅表现出不满意，因为此时孩子更需要父母温暖的怀抱，甚至要多于父母平时对孩子的关爱。在孩子成长道路上出现的性格问题和健康问题，父母必须重视，这非同儿戏。

溃疡性结肠炎

这种疾病通常是在家庭中"出生和长大"，家中所有人的关系都相互束缚，但这种感觉轻易不会有人讲出来。

这种人，和我们之前所谈论的人一样，非常渴望别人的监护和关怀，但这里我们所谈论的更加复杂，他们自我评价较低，不善于正确表达自己的情感，因此他们的内心非常痛苦。这样的人如果突然失去自身所依赖的人，他会认为自己会崩溃，因为已经走到生活的边缘了，自己已经无力做出相应的反应了，这不是从童年就习惯的自己的感情，所有这一切，其实就是这种病产生的原因。

风湿性关节炎

这种疾病的发生并不由于某些心理创伤，而是在相当长的时期内某种压力积累造成的。情感正常的人因激动、不安而致使感情郁滞，在这种情况下，肌肉紧张度上升，肌肉强度高度淤积，并集中在运动器官的支撑点上。这些人的生活仿佛被禁止运动，不能进行攻击性运动：他们安静、勤勤恳恳、兢兢业业，多年来他们一直忍受着压力——因肌肉和关节的损伤，他们被剥夺了正常的"自由运动"。这种人的家中一般都有一位专横的妈妈，她感情冷漠，孩子害怕她，孩子被迫接受她的压制你，而不能"造反"，因未能实现自己的"侵略性行为"而产生压力。就这样，孩子长大了，即使他们做得很好，也抑制了孩子所有可见的活动。潜意识"反叛"造成疾病，但在意识层面这又是被禁止的。这样的人能很好地控制自己的感情——同时是他们是自己的人质：面临着对自己不利的身体侵略时，他们不知道反抗。

怎么做，才能读懂孩子的心 Читаем мысли наших детей

神经性皮炎

这是一种由心理现象造成的疾病，在人类的童年时代就已经出现，等到儿童长大了，已经是显而易见的。人类的皮肤是情绪状态极其敏感的指标，同时也是"自我"的极限。皮肤病是由于个性受到妨碍达到极限，或者是与亲人，与自己所熟悉的人交往出现问题而引起的。

研究人员雷纳·施皮茨①研究皮肤疾病，特别是过敏性皮炎。他指出，这种疾病在儿童时期产生，患病的最重要因素来自妈妈。通常在这样的家庭中妈妈对孩子不够温柔，较少拥抱和抚摩孩子——在任何情况下，都无法满足孩子安全感的需要，不少妈妈对待孩子的态度非常矛盾，而妈妈自己却没有一丝的察觉。这样孩子没有按照妈妈的计划"及时"出现，很快孩子的健康就会被破坏。

这是真实的态度被抑制，外面是一种夸张的关切，但它更多关注疾病的预防，生病的孩子必须得到母亲越来越多的关注，需要更多的照顾，这样的母亲是不是不同意此观点，因此她并不是很在意

---

① 雷纳·施皮茨：美籍奥地利精神分析学家。——译者注

第七章　身心疾病——童年的定时炸弹

这方面。

如果缺少妈妈的温柔，孩子的智力发展也会受到影响，我们甚至可以说，如果可以的话，这样的妈妈宁愿不再抚摩、拥抱自己的孩子。因此孩子患皮肤病，是孩子反对、抗议这种态度、这种做法的一种手段，以此来吸引妈妈的关注，至少得到一点点的爱抚。当与生活中重要的亲人——父母、配偶、孩子之间出现冲突时，这样的人每次都表现出"惊讶"，并拒绝调解。挑起冲突的隐性因素造成湿疹出现在面部和头皮处，挑起冲突的明显因素造成湿疹在身体的胸部、肩部和臀部。

心肌梗死

这是一种儿童时期不易患的疾病，患有这种疾病的人在童年里最惧怕失败，绝不能输。他们认为，只有第一名才是最好的名次，这是从父母那里学来的，并在孩子这里持续，并不断发展。这是人类生活中的一种形式，是完美主义者拒绝一切不好的，做任何事情必须成功的表现。他们经常处于紧张和恐惧状态，虽然他们自己否认这一点，但实际上他们内心深处一直害怕自己做不好，害怕自己不能做，害怕自己不能处于最好的状态。他们无法及时转变自己的情绪，经常将自己的工作问题带回家，因为他们的个人生活也充满了紧张与争执。因此，尊敬的父母们，如果你不惜一切代价希望自己获胜，你希望给自己的孩子何种未来呢？

糖尿病

糖尿病患者的主要性格特征，是这种疾病在婴幼儿期已经出现——情感遗弃，孤独，没有安全感，缺乏关心，"需要"依赖。其结果是严格的妈妈和缺席的爸爸培养了感情冷漠的孩子。如果可以的话，孩子习惯了用"声音"来解决冲突，也就是说，用口头表达、语言表达来反映冲突，因为冲突使孩子感觉到不舒服。从童年起孩子就习惯于用"狂吃"解决问题，而成年人或许还可以节制一些，因此对于孩子而言，食物是孩子们满足和爱的象征。如果生命出现难以解决的冲突，"爱的源泉"已经干涸，寻找食物是这样的人最后的手段。无论是否处于饥饿状态，他开始不停地"饥饿地新陈代谢"，最后导致患糖尿病。

除了已经论述的身心疾病，还存在身心反应：神经性咳嗽、浪费粮食（暴食症和厌食症）、神经性呕吐、头痛等。让我们仔细观察它们的更多细节。

第七章　身心疾病——童年的定时炸弹

神经性咳嗽

　　这种疾病试图摆脱多余的、刺激性异物。当一个人在现实生活中，在转变自己的观念出现困难时，当他看不到希望的时候，在无法解决自己的矛盾和困惑的时候，容易患这种疾病。在这种情况下，咳嗽所起的作用是对伙伴或合作者的斥责和不满一些像"过敏"的行为或情况。孩子经常发生这种情况，因为孩子们过于依赖我们成年人，也无法把每一件事情都做到我们成年人所希望的那样。因此，在旷日持久的家庭冲突中，孩子有可能持续咳嗽几个星期，对此父母可能双手一摊，"无论怎么治疗，都没有用"，事实上，是因为没有对症治疗，才出现这样的结果。长大以后，人们在面临紧张时继续像往常一样——一个成熟的女人，知道关于丈夫的不忠行为后害怕跟他谈论这件事，如同不知道这件事情一样，不肯承认这可怕的事实，甚至更害怕丈夫说"我要离开你"，持续几个星期后，每天晚上和他一起入睡时，都在咳嗽。在这种情况下，未能及时调整好的紊乱的不良后果的时间越久，就越难应付。

怎么做，才能读懂孩子的心 | Читаем мысли наших детей

神经性呕吐

呕吐也是拒绝巨大痛苦和刺激的信号，渴望从中解脱出来，却没有力量。这样的孩子的共同特点是，非常负责任、敏感、严肃，即使在面对超负荷的压力时，依然在内心里接受每一个亲近的人。出现这种症状的主要原因是孩子承担了太多责任，例如，参加一个重要的音乐会，或者"应付"正常的检查，承担了他无力完成的事情，如果孩子具有某方面的能力，他会愉快地参与与这有关的一些活动，但他不擅长这些，被迫参加，对孩子而言是一种痛苦。这些孩子都非常害怕其他人（特别是成年人）让自己难堪，非常害怕自己无法满足他人的要求和期望。他们知道，如果出现任何失误，他们将受到严厉的惩罚，他们期望可以受到真实的评价。结论：如果孩子恶心的真实原因是精力不够，那么请你重新修改对孩子的要求，并减轻他的工作量。

头痛

这种症状是由血管痉挛造成的，例如，孩子在闷热的室内，尤其是在充满二手烟的房间,或者长时间地看电视、玩电脑,因为在这种情况下,颈背肌肉和肩部、腰部肌肉长时间处于紧张、疲劳状态。然而,头痛的问题可能是由心理和急剧冲突的反应,压力,抑郁症,强烈的情绪:愤怒、怨恨、敌视等引起。这些不良情绪造成的压力、焦虑,导致血管收缩痉挛,或者因营养状况不良,造成脑部氧饱和度下降。

除此之外,头痛还可能与直接需要"头"回答一些比较难的问题有关——一些不了解的东西,难以理解的问题,这涉及学习问题和日常生活问题,还涉及大量的智力水平高于平均水平的孩子,要知道他们最大、最明显的特点就是不断上升的野心和追求成功的欲望,当这些无法完成时,失败成为痛苦的直接源泉,也是损害身体健康的直接原因。有时头痛是由于无法达到自身愿望的反应,是欲望和能力之间的冲突。在这种情况下,他们的潜意识期望得到"奖励"——父母和亲人的关心和同情,而不是谴责他的弱点,不是讨论他的坏运气。

饮食失调

食物对于一个孩子而言是安全的象征,同时也是爱的象征。

因此，婴儿期和儿童早期营养不良会造成孩子不相信世界，不信任母亲，这是所有一切不信任的来源。相反，违背了饮食习惯，会造成孩子与母亲的关系复杂、冷漠。孩子不知不觉地拒绝没有爱心的母亲，当这种冲突积累到一定程度时，孩子会拒绝妈妈准备的食物。随后，这可能发展成为厌食症，有些孩子乖乖地接受妈妈安排的一切，但他们喉咙里堆满了食物，心中充满了对食物的厌恶——慢慢地发展为厌食症。无论如何，这样的孩子长大成人后，他们会缺少爱，感受到爱的饥饿，同时，他们会放弃食物，以各种借口拒绝爱情，让内心的冲突陷入僵局。

厌食症

在童年阶段，当孩子没有得到足够的爱，没有享受到足够的爱抚。他们就不能善待自己，不能正确地对待自己的爱情——因此，无论怎样观察自己，都觉得自己是丑陋的，而90%的女孩正忍受着厌食症的折磨，并试图委屈自己。患厌食症的人，一方面渴望吸引别人的关心，乞讨爱情，需要爱抚，的确这是有意义的；但另一方面，他们不愿意有意义地活着。产生这种症状的原因比较复杂，有多种解释。或者女孩子与妈妈产生冲突，女孩认为这是"罪孽",因此不再吃食物,以此来惩罚自己。另外,厌食症通常始于青少年时期,——拒绝一切与女性特征有关的事情。青少年时期的女孩极其厌恶自己身体发生的变化:不断增大的乳房,月经,并彻底拒绝食物,以此抗拒自己身体发生的变化,甚至希望停止月经。女孩子潜意识中拒绝长大,无法接受自己身体出现的性感。

通过分析患厌食症的女孩家庭,心理学家得出的结论是,父母为了孩子的成功,采取过度保护和严格的管教,致使孩子被"压迫"得异常痛苦。他们希望建立"无冲突"的家庭关系,因此家庭成员都比较抑制自己。他们的家中不允许出现不文明的行为,而内部冲突却在悄悄地积累,这样的家庭从表面上来看,那么合乎规范,那么和谐。女孩无法抗拒来自父母的压力,无法抗拒父母的控制——毕竟,她们没有理由对此"造反",但她们可以拒绝吃食物,至少她们有权利对自己的身体发号施令。当她出现苦难时,她不会承认,当然很有可能,她根本不相信任何人。正是因此厌食症患者很难治愈:她们一直与自己较劲,而事实上是与家人较劲,甚至当身体受到损害时也不放弃。

怎么做，才能读懂孩子的心 Читаем мысли наших детей

暴食症

　　这是由人为的暴饮暴食引起的呕吐，或者服用泻药，或者采取各种手段试图控制体重和减肥的全部过程。这种身体的失调与厌食症一样，患者多为年轻女孩，她们设想了"理想中的我"的标准形象，但在现实中她们可以找到各种借口来证实"真实的我"与"理想的我"完全不像。事实上，她们"真实地"从自己身体呕吐出食物，这是她们在惩罚自己，并同时从中得到乐趣，因为这会给人一种管理自己的身体、控制自己的错觉。事实上这样的女孩，虽然从表面上看来她们是成功的，令人满意的，但是她们对自身并不满意，认为在人生道路上存在诸多不和谐的地方，她们内心空虚。

　　这样的女孩在家中，父母对其采用强迫原则，父母容易情绪冲动和变化无常。女孩长期处于紧张状态下，而且没有人会"警告"她何为正确的行为。然而，从外表上，这样的家庭努力实现自己的理想，产生了自己的孩子正在努力地承担自己的责任的错觉：女儿尽力好好学习，所有的学习和比赛都是第一名和举止也非常高雅——然而，家庭内部没有发生任何改变。她的梦想是尽快长大，离开父母的家，早些结束这样的生活，因为她一直处在被控制下的

第七章 身心疾病——童年的定时炸弹

恐惧状态，长期积累，最后发泄对家庭的不满，从而离家出走。而暂时在父母的家中生活的女孩，只能试图控制自己的身体，这是现在她唯一能做的。暴食症非常强烈地影响着孩子，即使他们与父母分开，继续遭受暴食症的痛苦，有时甚至女孩子已经建立自己的家庭，也依然遭受着这种痛苦。

饥饿是降低焦虑，满足安慰的一种手段，可以发生在任何有压力的情况下——同时也是因为恐惧，造成失去自我控制，并启动机体的饮食行为。然而这样的女孩的大脑是非常聪明，也具有逻辑性，因此她们能意识到，有些问题因没有找到合适的方法，暂时不能解决，并陷入恶性循环：没有不可能的，只有不好的。

但是，如果父母的行为、教育风格及其与自己孩子的关系是另一种——温暖、有爱心和无冲突的，则不会出现这种情况。

后记

　　总之，你已经读完本书，并知道我们的孩子在潜意识里如何与我们谈话，我们也希望帮助父母和孩子，让父母与孩子之间相互理解和共同应对现有的挑战，及时处理现存的问题。

　　本书所阐述的信息是多种多样的，似乎比较复杂，如果你愿意关注这些内容，则阅读起来会非常轻松。这意味着我们有力量及时解决所有困难。我们不要求你做很多的事情，只需要你关心和爱自己的孩子。

　　祝你幸福！

参考文献

Альманах психологических тестов. Рисуночные тесты. — М.:КПС, 1997.

Аронзон, Леонид. Кому что снится и другие интересные случаи. — М.: Объединенное гуманитарное издательство, 2011.

Бернс Р.С. Кинетический рисунок семьи: введение в понимание детей через кинетические рисунки: пер. с англ. / Р.С.Бернс, С.Х. Кауфман. — М.: Смысл, 2000.

Венгер А.Л. Психологические рисуночные тесты. — М.: ВЛАДОС–ПРЕСС, 2003.

Воронов М. Психосоматика. — Киев: Ника–Центр, 2004.

Гудинаф Ф. Тест «Нарисуй человека». — М., 2009.

Данкелл Самюэл. Позы спящего: ночной язык тела. — Нижний Новгород: Елень, Арника, 1994.

Дилео Джон. Детский рисунок: диагностика и интерпретация. — М.: Апрель Пресс, 2001.

Дженнингс Сью. Сны, маски и образы / Дженнингс Сью, Минде Асе. — М.: ЭКСМО, 2003.

Друкаревич М.З. Несуществующее животное. — М., 2009.

Жуве М. Похититель снов. — М.: Время, 2008.

Захаров А. Дневные и ночные страхи у детей. — М.: Речь, 2010.

Кляйн, Мелани. Детский психоанализ. — М.: Институт общегуманитарных исследований, 2010.

Лабунская В.А. Невербальное поведение. — М., 1986.

Леви, Владимир. Приручение страха. — М.: Метафора, 2006.

Лёйнер Ханскарл. Кататимное переживание образов: основная ступень / пер. с нем. Я. Л. Обухова. — М.: Эйдос, 1996.

Лосева В.К. Рисуем семью. Диагностика семейных отношений. — М.: А.П.О, 1994.

Лосева В.К. Рассмотрим проблему... : диагностика переживаний детей и взрослых по их речи и рисункам / В.К. Лосева, А.И. Луньков. — М.: А.П.О., 1995.

Мар Тимоти Т. Чтение лица или китайское искусство физиогномики. — СПб., 1992.

Матвеева Л.Г. Что я могу узнать о совеем ребенке? — М.: У–Фактория, 2004.

Маховер, Карен. Проективный рисунок человека. — М.:Смысл, 1996.

Моррис Д. Библия языка телодвижений. — М.: Эксмо, 2010.

Мухина В.С. Изобразительная деятельность ребенка как форма усвоения социального опыта. — М.: Педагогика, 1981.

Наварро, Джо. Я вижу, о чем Вы думаете. — М.: Попурри, 2009.

Ниренберг Д. Как читать человека словно книгу / Д. Ниренберг, Г. Калеро. — Баку: Сада, 1992.

Основы визуальной психодиагностики. Ч. 1. — М., 1992.

Осорина, Мария. Секретный мир детей в пространстве мира взрослых. — СПб.: Питер, 2011.

Панасюк А.Ю. А что у него в подсознании? — М., 1996.

Петров С.В. Невербальная коммуникация / С.В. Петров, Е.Н. Холопова. — Калининград: КВШ МВД России, 1997.

Пиз, Аллан. Язык телодвижений. — М.: ЭКСМО, 2003.

Проективная психология: пер. с англ. — М.: Апрель Пресс, ЭКСМО–Пресс, 2000.

Романова Е.С. Графические методы в практической психологии. — СПб.: Речь, 2001.

Семаго Н.Я. Методическое руководство по оценке психического развития ребенка: дошкольный и младший школь–ный возраст / Н.Я. Семаго, М.М. Семаго. — М.: АПКиПРО, 2004.

Степанов С.С. Диагностика интеллекта методом рисуночного теста. — 5–е изд. — Екатеринбург: Деловая книга, 1999.

Ушатиков А.И. Аудиовизуальная психодиагностика. — М.: Академия, 2000.

Фаст Д. Язык тела. — М., 1995.

Ферс М. Грег. Тайный мир рисунка. — СПб.: Деметра, 2003.

Фрейд Зигмунд. Толкование сновидений. — М.: АСТ, Астрель, 2011.

Хоментаускас Г. Семья глазами ребенка. — М.: Педагогика, 1989.

Хорст Р. Ваше тайное оружие в общении. Мимика, жест,

движение. — М., 1996.

Шванцара Й. и др. Диагностика психического развития. — Прага: АВИЦЕНУМ, 1978.

Штагль А. Язык тела. — Баку: Сада, 1992.

Юнг Карл. Практическое использование анализа сновидений. — М.: Попурри, 1998.